Jens Bretschneider

SAP User Interface Strategien: Zielgruppengerechte Bewertung und Einordnung

IGEL Verlag

Bretschneider, Jens

**SAP User Interface Strategien:
Zielgruppengerechte Bewertung und Einordnung**

1. Auflage 2009 | ISBN: 978-3-86815-246-3 Jens

Die Deutsche Bibliothek verzeichnet diesen Titel in der Deutschen Nationalbibliografie.
Bibliografische Daten sind unter http://dnb.ddb.de verfügbar.

IGEL Verlag

Inhaltsverzeichnis

Abbildungsverzeichnis

Tabellenverzeichnis

1. Einleitung

Die Wahl des geeigneten SAP User Interface für die Geschäftsprozessbearbeitung ist entscheidend für eine erfolgreiche Einbindung des Nutzers. Da verschiedene Aufgaben im Geschäftsprozess umzusetzen sind, gibt es deshalb unterschiedliche Anforderungen an ein SAP User Interface. Während einige Nutzer eine spezielle technische Sicht auf ein SAP System benötigen, haben andere Nutzer Bedarf an vereinfachten Zugriffsmethoden für eine schnelle und effiziente Verarbeitung von sich häufig wiederholenden Vorgängen. Die richtige Strategie bei der Wahl des SAP User Interface wird durch technische Neuerungen im ERP Markt bestimmt sowie den Bedürfnissen der einzelnen Zielgruppen. Dabei verfolgen die Zielgruppen jeweils eigene Interessen. Während die Nutzerzielgruppe unter anderem auf hohen Bedienungskomfort und leichten Zugriff achtet, steht für die Zielgruppe Business besonders der Kostenaspekt im Vordergrund, wohingegen die Zielgruppe IT hohen Wert auf die Integrierung in die IT Systemlandschaft legt. Die SAP NetWeaver Technologie bringt eine Vielzahl von neuen Benutzerschnittstellen mit, welche bedarfsgerecht ausgewählt werden müssen. Diese neuen Möglichkeiten gestatten es wiederum der großen Vielfalt der Benutzeranforderungen angemessen zu begegnen.

In dieser Studie werden Strategien zur Wahl des User Interface abhängig von der entsprechenden Zielgruppe erarbeitet. Diese Strategien beinhalten konkrete technische Umsetzungskonzepte, welche an 4 typischen Userarten erläutert werden. Die dafür notwendigen Technologien werden ausgiebig behandelt und in ihrer Bedeutung der aktuellen Marktsituation am SAP ERP Markt bewertet. Am Schluss der Studie wird ein technologieübergreifendes Business Szenario entworfen und praktisch umgesetzt werden; dies unter Verwendung der wichtigsten Konzepte der SAP NetWeaver User Interface Technologie.

Es ist nicht Ziel dieser Studie, eine Betrachtung der SAP User Interfaces nach ergonomischen Gesichtspunkten oder Benutzerfreundlichkeit durchzuführen. Usability Aspekte werden nicht explizit betrachtet. Des Weiteren findet keine Bearbeitung des bedeutenden Themas der Barrierefreiheit für Benutzerschnittstellen statt. Der Autor weißt ausdrücklich daraufhin, dass alle in diesem Absatz genannten Themen so wichtig und umfangreich sind, dass diese mit einer eigenen Studie gewürdigt werden müssten. Ebenfalls wird das Thema des mobilen Zugriffs auf ein SAP NetWeaver System nur am Rande und nicht ausführlich betrachtet.

2. Zielgruppendefinition

In Zukunft wird sich der ERP Markt verstärkt an Kundenwünschen orientieren. Führende Hersteller müssen ihre Produkte den Anforderungen verschiedener Zielgruppen anpassen. In Zeiten des ständigen Wandels und immer neuen Geschäftsmodellen muss die gesamte IT hoch flexibel reagieren. Insbesondere die Schnittstelle zum Nutzer unterliegt dabei einem stetigen Anpassungsprozesses. Kunden verlangen nach agilen und flexiblen User Interfaces, die möglichst zeitnah an neue Geschäftsprozesse angepasst werden können. Der dafür erforderliche Aufwand muss dennoch geringer ausfallen als in der vergangen Zeit. Hatten Frontends in der Vergangenheit eher einen starren und monolithischen Charakter, bedarf es in Zukunft Frontends, die ohne tiefes Eingreifen in den internen Programmcode leicht anpassbar sind. Hierbei spielen Konzepte wie Modell Driven Architecture[1] eine große Rolle. Diese ermöglicht die Entwicklung von Software verstärkt aus der Geschäftsprozesssicht mit Hilfe von Modellen. Die Entwicklungsgeschwindigkeit wird zunehmend der ausschlaggebende Faktor für oder gegen eine Softwareplattform. Wichtiger als eine hoch spezifische Softwarelösung, die alle Einzelfälle abdeckt, ist die schnell entwickelte und ebenso schnell wieder anpassbare Softwarelösung, für sich stetig verändernde Geschäftsprozesse.

Das Resultat dieser neuen Entwicklung sind Zielgruppen für die Frontends, die genau wie das Geschäftsmodell, ständig im Wandel sind. In Zukunft wird es seltener werden, dass eine Person nur eine genau definierte Aufgabe zu betreuen hat. Vielmehr muss diese Person in die Lage versetzt werden, mit Hilfe der neuen User Interfaces flexibel und agil auf veränderte Anforderungen im Geschäft reagieren zu können.

Das Frontend wird dem Bedarf gerecht entwickelt. Hierbei spielt die Definition der relevanten Zielgruppen eine besondere Bedeutung. Gelingt es einem Anbieter nicht intuitive, leicht anpassbare Oberflächen zu gestalten, wird er Marktanteile verlieren. Die SAP AG bringt mit der SAP NetWeaver Technologie eine Vielzahl neuer SAP User Interfaces auf den Markt. Das bloße Vorhandensein dieser SAP User Interfaces reicht nicht aus. Der SAP Berater muss ein Bewusstsein dafür entwickeln, welche Zielgruppen welche Bedürfnisse und Anforderungen an ein User Interface stellen. Des Weiteren muss er technische Limitierungen und Beschränkungen kennen um die richtige Wahl zu treffen.

1 Vgl. Gesellschaft für Informatik e.V. 2008

2.1. Einsatzgebiete von SAP Produkten

Die höchst vielfältige Nutzung von SAP Produkten deckt einen Großteil der Marktbedürfnisse ab.

„Die Enterprise-Software der SAP steuert alle betriebswirtschaftlichen Prozesse im Unternehmen, ... SAP entwickelt aber nicht ausschließlich Unternehmensanwendungen wie z.B. Software für die Pflege von Kundenbeziehungen (Customer Relationship Management), für die Optimierung der Produktion (Supply Chain Management) oder für die Pflege der Lieferantenbeziehungen (Supplier Relationship Management). Mit jeder Generation ihrer Unternehmensanwendung stellt SAP außerdem eine Technologieplattform zur Verfügung, die auf der einen Seite von der zugrunde liegenden Hardware und Systemsoftware (Betriebssysteme, Datenbanken, Netzwerke) abstrahiert und auf der anderen Seite geeignete Tools, Frameworks und Services für die Entwicklung von Anwendungen anbietet."[2]

Dies verdeutlicht, dass es im SAP Anwenderkreis höchst unterschiedliche Nutzer bzw. Zielgruppen von Anwender gibt. Um ihren Bedürfnissen an ein effektives User Interface gerecht zu werden, bedarf es unterschiedliche Strategien.

2.2. Definition der Zielgruppen

Bei der Definition der Zielgruppen für SAP User Interfaces sind grundsätzlich 3 verschiedene Gruppen auszumachen. Dies sind auf der einen Seite selbstverständlich die User, die mit dem SAP User Interface später arbeiten sollen. Diese Zielgruppe teilt sich in verschiedene Rollen auf, die in einem späteren Kapitel erläutert werden. Eine andere große Zielgruppe ist das Business. Dies umfasst Aspekte wie, Kostenerwägungen, Geschäftsprozessoptimierung, Agilität des SAP User Interfaces oder Anforderungen und Bedürfnisse von Geschäftsprozessbeteiligte wie Lieferanten, Kunden oder zum Beispiel staatliche Aufsichtsorgane. Die dritte große Partei der Zielgruppen für SAP User Interfaces ist die komplette IT. Darunter sind alle technischen Aspekte zusammengefasst, die durchaus eine wichtige Rolle bei der Wahl eines neuen SAP User Interfaces spielen.

Zusammengefasst ergeben sich 3 Zielgruppen, mit unterschiedlichen Schwerpunkten:

---

2 K. Kessler, P. Tillert 2005, S.17

- User
    - Teilt sich in unterschiedliche Rollen auf
- Business
    - Agilität
    - Offenheit gegenüber Integrierung fremder Inhalte
    - Schulungsaufwand für Anwender
    - Lizenzkosten
    - Wiederverwendung
    - Zukunftsfähigkeit
    - Corporate Identity
    - Kollaboration
- IT
    - Infrastrukturanforderung
    - Skalierbarkeit
    - Portierbarkeit
    - Backupfähigkeit
    - Schulungsaufwand für Entwickler
    - lokale Installation notwendig

2.3. Die Zielgruppe User

Die unterschiedlichen Merkmale für die Definition der einzelnen Rollen von Usern, sollen ihr Verhalten im täglichen Gebrauch von SAP Systemen repräsentieren. Dabei wurden insbesondere Merkmale der Ausführung der Aufgaben, die der Nutzer leisten soll, berücksichtigt[3]. Die Aspekte des eingesetzten SAP Moduls spielen keine Rolle bei der Zielgruppenbewertung.

Folgende ordinal skalierte Merkmale werden zur Definition der Zielgruppen herangezogen.

- Art der Nutzung
    - Anwender
        - 10 - 1

---

[3] Vgl. J. Haase 2005, S.8

    - Entwickler
        - 10 - 1
    - Administrator
        - 10 - 1

- Ortsgebundenheit
    - Lokal am festen Arbeitsplatz
        - 10 - 1
    - Lokal am wechselnder Arbeitsplatz
        - 10 - 1
    - Remote Zugriff
        - 10 – 1

Die Gewichtung hat dabei folgende Eigenschaft:

- 10 trifft voll und ganz zu
- 1 trifft überhaupt nicht zu

Folgende nominal skalierte Merkmale werden zur Definition der Zielgruppen herangezogen.

- Dauer der Einloggzeit
    - lang, mittel, kurz
    - Dies ergibt folgende Gewichtung: 10 – 6 - 2
- Häufigkeit der Nutzung
    - Mindestens: stündlich, täglich, wöchentlich, monatlich
    - Dies ergibt folgende Gewichtung: 10-7-4-1
- Tiefe der Nutzung
    - gesamtes SAP, Modul, Transaktion
    - Dies ergibt folgende Gewichtung: 10 – 6 – 2

Die Abbildung der Merkmale erfolgt aus Gründen der besseren Berechnungsfähigkeit für den späteren SAP User Interfacevergleich ebenfalls als Zahl zwischen 1 und 10. Wobei die Abstände nichts über die Merkmalsausprägungen aussagen, sondern lediglich gleich verteilt sind.

2.3.1. Rollenauswahl

Folgende Rollen von SAP Nutzern wurden definiert[4][5]:

	Häufigkeit der Nutzung	***Art der Nutzung***			***Dauer der Einloggzeit***	***Ort-gebundenheit***			***Tiefe der Nutzung***
		Ad-ministration	Entwickler	Anwender		Lokal am festen Arbeitsplatz	lokal am wechselnder Arbeitsplatz	remote Zugriff	
Adminis tratoren	10	10	6	2	10	4	10	4	10
Berater	4	3	6	8	6	2	6	10	6
Sach-bearbeiter	10	1	1	10	10	8	2	4	2
Manager	4	1	2	10	2	2	6	10	10
Teamleiter	4	2	2	8	6	4	8	8	6
Projekt-mitglied	1	3	6	8	6	2	8	6	6
Externer	1	1	8	4	6	1	1	10	2
Back Office	7	1	1	10	10	10	1	1	2
Vertrieb	4	1	1	10	2	5	2	10	2
Kunden-support	10	4	2	8	10	10	2	1	10
Programmierer	7	6	10	4	6	10	8	6	6
Designer	7	4	10	6	10	8	10	4	6

Tabelle 1: SAP Nutzerrollen

Diese Beurteilung kann von Unternehmen zu Unternehmen abweichen. Deutlich werden aber die unterschiedlichen Anforderungen, die die verschiedenen Nutzerrollen an ein SAP System stellen. Kritisch zu bewerten sind vor allem Art und Tiefe der Nutzung. Die Ortsgebundenheit schließt bei einigen Nutzern bestimmte SAP User Interfaces von vorneherein aus. Dass ein Nutzer immer nur streng einer Rolle angehört, ist so gut wie ausgeschlossen. Vielmehr tauchen einzelnen Personen in mehreren Nutzerrollen auf und bedürfen somit auch unterschiedliche SAP User Interfaces, je nach Bedarf.

2.3.2. Userarten

Aufgrund der Tatsache, dass es in der Praxis selten klar getrennte Userrollen gibt, werden nachfolgend 4 wesentliche Arten von Usern erarbeitet.

[4] Vgl. Lynx Consulting Group 2006

[5] Vgl. J. Haase 2005, S.8-14

Diese User decken mehrere Rollen ab, wobei jeder einzelne User einen bestimmten Schwerpunkt in der Anwendung von SAP Systemen hat.

User 1 - Der Poweruser

Der Poweruser ist ein fachlich versierter Nutzer des SAP Systems. Er besitzt weit reichende Kenntnisse über interne technische Abläufe und erweiterte Zugriffsrechte innerhalb der SAP Infrastruktur. Er ist Anwender aber zugleich im überschaubaren Maße Entwickler. Von ihm wird erwartet, dass er kleinere Anwendungsfälle eigenständig löst. Des Weiteren tritt der Poweruser als kompetenter Tester neu entwickelter SAP Lösungen auf. Seine Hauptaufgaben im Unternehmen sind im unteren Management, Beratungsgeschäft oder Mitglied in Projekten zu finden.

Folgende Rollen sind ihm prozentual zuzuschreiben:

	Poweruser
Administratoren	30%
Berater	100%
Sachbearbeiter	40%
Manager	50%
Teamleiter	60%
Projektmitglied	50%
Externer	0%
Back Office	40%
Vertrieb	50%
Kundensupport	50%
Programmierer	50%
Designer	50%

Tabelle 2: Der Poweruser

User 2 – Der Infouser

Der Infouser nutzt vor allem die Report und Business Intelligence Möglichkeiten eines SAP Systems. Er benötigt jeden Tag bestimmte Zusammenfassungen über Unternehmensdaten. Die Auswertung dieser Daten ist seine Hauptaufgabe im Unternehmen. Aufgrund der Entscheidungen, die er daraufhin fällt, ist der Infouser zumeist im mittleren und oberen

Management zu finden. Er entwickelt im SAP System nicht selbst, sondern nutzt die vorhandenen Möglichkeiten effizient aus.

Folgende Rollen sind ihm prozentual zuzuschreiben:

	Infouser
Administratoren	0%
Berater	60%
Sachbearbeiter	20%
Manager	100%
Teamleiter	100%
Projektmitglied	50%
Externer	20%
Back Office	0%
Vertrieb	70%
Kundensupport	20%
Programmierer	0%
Designer	0%

Tabelle 3: Der Infouser

User 3 – Der Businessuser

Der Businessuser ist sozusagen das Arbeitstier im Unternehmen. Er übernimmt vielfältige Aufgaben wie Sachbearbeiter, Teammitglied, Kundensupport, Back Office oder Vertriebler. Dabei zeichnet er sich durch seine Vielfältigkeit aus. Der Unterschied zum Poweruser ist vor allem in der technischen Versiertheit zu finden. Der Businessuser weiß über die Möglichkeiten im SAP System gut bescheid, aber entwickelt keine eigenständigen Lösungen.

Folgende Rollen sind ihm prozentual zuzuschreiben:

	Businessuser
Administratoren	0%
Berater	50%
Sachbearbeiter	100%
Manager	20%
Teamleiter	20%
Projektmitglied	50%
Externer	60%
Back Office	80%
Vertrieb	100%
Kundensupport	50%
Programmierer	0%
Designer	0%

Tabelle 4: Der Businessuser

User 4 – Der technical User

Der technical User übernimmt im Unternehmen die typischen Rollen des Entwicklers und Designers. Er plant zusammen mit den anderen Usern neue SAP Businesslösungen und setzt diese dann um. Rollen wie Administrator oder Kundensupport übernimmt er ebenfalls. Seine Stärken liegen demnach klar in der technischen Ebene und weniger in den wirtschaftlichen Zusammenhängen.

Folgende Rollen sind ihm prozentual zuzuschreiben:

	technical User
Administratoren	100%
Berater	50%
Sachbearbeiter	0%
Manager	0%
Teamleiter	30%
Projektmitglied	50%
Externer	0%
Back Office	0%
Vertrieb	10%
Kundensupport	70%
Programmierer	100%
Designer	100%

Tabelle 5: Der technical User

Im Überblick ergeben sich demnach folgende 4 Userarten mit ihren charakteristischen Merkmalen:

Rolle	*Poweruser*	*Infouser*	*Businessuser*	*technical User*
Administratoren	30%	0%	0%	100%
Berater	100%	60%	50%	50%
Sachbearbeiter	40%	20%	100%	0%
Manager	50%	100%	20%	0%
Teamleiter	60%	100%	20%	30%
Projektmitglied	50%	50%	50%	50%
Externer	0%	20%	60%	0%
Back Office	40%	0%	80%	0%
Vertrieb	50%	70%	100%	10%
Kundensupport	50%	20%	50%	70%
Programmierer	50%	0%	0%	100%
Designer	50%	0%	0%	100%

Tabelle 6: Ausprägung der User in den einzelnen Rollen

Die einzelnen SAP User Interfaces werden in den nachfolgenden Kapiteln bewertet. Eine Empfehlung welches Frontend für welche Userart am besten geeignet ist, findet im Kapitel 6 User Interface Vergleich statt.

2.4. Die Zielgruppe Business

Im Gegensatz zur Zielgruppe der User stehen beim Business andere Kriterien im Vordergrund. Es werden Abwägungen für den wirtschaftlichen Einsatz der der SAP User Interfaces durchgeführt. Des Weiteren stehen Aspekte wie Wiederverwendung von bestehenden Komponenten oder die Möglichkeit das Corporate Identity des Unternehmens zu integrieren im Vordergrund. Folgende Kriterien und ihre jeweilige Gewichtung wurden für die Bewertung der SAP User Interfaces für die Zielgruppe Business gewählt:

- Business
    - Agilität: Wie schnell kann auf Änderungen im Business reagiert werden? (1 trifft nicht zu – 10 trifft voll und ganz zu)
    - Offenheit: Wie offen ist das UI für die Integrierung fremder Inhalte? (1 trifft nicht zu – 10 trifft voll und ganz zu)
    - Schulungsaufwand für Anwender: Wie hoch ist der Aufwand um Anwender für die Benutzung des UI's zu schulen? (1 sehr hoch – 10 intuitiv zu bedienen)
    - Lizenzkosten: Die tatsächlichen Kosten lassen sich nicht vergleichbar ermitteln, hier sollen die prinzipiell zu erwartenden Kostenhöhen verglichen werden. (1 extrem hohe zusätzlich Kosten – 10 bereits im Standard SAP Portfolie vorhanden)
    - Wiederverwendung: Wie gut lassen sich bereits im eigenen Haus entwickelte Anwendungen in das UI integrieren? (1 generell nicht – 10 problemlos)
    - Zukunftsfähigkeit: Wie sieht die Situation bei Wartung und Updates seitens von SAP aus? (1 kein Support – 10 problemlos)
    - Corporate Identity: Wie gut kann ein unternehmenseinheitlicher Auftritt realisiert werden? (1 überhaupt nicht – 10 problemlos)

- Kollaboration: Wie gut können Prozessbeteiligte mit diesem UI miteinander zusammenarbeiten? (1 überhaupt nicht – 10 problemlos)

2.5. Die Zielgruppe IT

Für die Zielgruppe IT sind alle Aspekte wichtig, die sich mit dem technischen Aufwand für die Nutzung eines SAP User Interfaces befassen. Dabei spielt es eine Rolle ob vorhandene IT Infrastrukturen weiter genutzt werden können. Des Weiteren werden Gesichtspunkte der Portierbarkeit auf andere IT Umgebungen oder Backupfähigkeit betrachtet.

Folgende Kriterien und ihre jeweilige Gewichtung wurden für die Bewertung der SAP User Interfaces für die Zielgruppe IT gewählt:

- IT
    - Infrastrukturanforderung: Wie hoch sind die Anforderungen an eigene Hardware? (1 besonders hoch – 10 sehr gering)
    - Skalierbarkeit: Wie gut kann die aufkommende Last flexibel auf neue Systeme verteilt werden? (1 überhaupt nicht – 10 besonders gut)
    - Portierbarkeit: Wie gut können einmal entworfene UI's auf andere Systeme übertragen werden um sie dort wieder zu verwenden? (1 überhaupt nicht – 10 völlig problemlos)
    - Backupfähigkeit: Wie aufwendig ist es Backups von den UI's und deren Inhalt durchzuführen? (1 sehr aufwendig – 10 besonders leicht)
    - Schulungsaufwand für Entwickler: Wie hoch ist der Aufwand um Entwickler für das UI zu schulen? (1 besonders hoch – 10 intuitiv zu erlernen)
    - lokale Installation notwendig: Sind lokale Installationen auf der Clientseite nötig? (1 = ja, 10 = nein)
    - technische Tiefe: Wie weit kann von diesem SAP UI die SAP Systemlandschaft administriert, entwickelt oder überwacht werden? Aufgrund der besonders hohen Bedeutung dieses Aspektes wurde die Gewichtung verdoppelt. (1 sehr gering – 20 besonders hoch)

3. SAP NetWeaver

3.1. Marktrelevanz von SAP NetWeaver

„SAP ERP – basierend auf SAP NetWeaver – ermöglicht bereits heute die evolutionäre Implementierung von Enterprise SOA für Geschäftsanwendungen im jeweiligen Unternehmen. Durch die Enhancement Packages werden neue und branchenspezifische Funktionalitäten als Enterprise Services ausgeliefert.“6

Der heutige Entwicklungsstand der SAP AG beim Thema SOA ist viel versprechend. Besonders der verstärkte Einsatz des SAP Enterprise Portals für individuelle Geschäftsprozessumsetzungen fördert eine konsequente Nutzung der SOA Paradigmen. Zu ihnen gehören das Aufteilen komplexer Prozesse in einfache, leicht wieder verwendbare Enterprise Services und die Anbindung von Back End Systemen über offene XML Schnittstellen. Dies ermöglicht es SAP User Interfaces schnell an neue Geschäftsprozesse anzupassen. Einmal entwickelte Bausteine, die Enterprise Services, sollen dem Entwickler stets zur Verfügung stehen. Diese kann er individuell kombinieren und somit immer wieder neue Anwendungen schaffen. Die neuen SAP User Interfaces müssen folglich ebenfalls dynamisch modulierbar sein. Die Bewertung dieser Flexibilität fließt in die SAP User Interface Beurteilung dieser Studie zu einem hohen Maße ein.

Dennoch macht das Zitat auch klar, dass die Entwicklung von SOA bei weitem nicht abgeschlossen ist. Die erste Phase von SOA bestand in der Nutzung von XML als Interface. Die zweite Phase die konsequente Umsetzung von Legacy Anwendungen auf Web Services. Gefolgt von einer dritten Stufe der Nutzung eines Enterprise Service Bus für diese Applikationen. In einer letzten finalen Phase können die einzelnen Business-Applikationen mittels BPEL angepasst und abgeändert werden. Eine Manipulation des Programm Codes wird so theoretisch überflüssig.[7]

Ein genereller Mehrwert einer SOA muss in der Wiederverwendung von bereits implementierten Softwarekomponenten und der flexiblen Adaption von unternehmensübergreifenden Geschäftsprozessen zu finden sein. Die Entwicklung von EAI zu SOA ist ein fließender Prozess der längst nicht abgeschlossen ist.

„EAI ist im Wesentlichen ein rein technischer Ansatz zur Integration von Anwendungssystemen. Die verschiedenen Hersteller haben hauptsäch-

---

6 S. Hack, M.A. Lindemann 2007 S.11

7 Vgl. Computerzeitung 2007, Gespräch mit Accenture Technologie Chef Donald Rippert

lich proprietäre Produktsuiten herausgebracht, deren Einsatz ein sehr hohes Spezialistenwissen erfordert. Zu SOA hingegen gibt es durchaus erkennbare Standardisierungsbemühungen, beispielsweise:

- JMS (Java Message Service) als Backbone
- JBI (Java Business Integration) als Integrationsschicht
- WSDL / XSD als Servicespezifikation
- SOAP als Transport
- BPEL (Business Process Execution Language) als Workflow-Standard

Aus architektureller Sich kann man durchaus sagen, dass die Infrastruktur einer SOA eine Weiterentwicklung von EAI ist."[8]

Die untere Abbildung 1 verdeutlicht den zentralen Ansatz des Servicegedankens innerhalb einer Service Oriented Architecture. Die Idee Daten und Funktionalitäten über Servicestrukturen abzubilden, setzt ein hohes Maß an Standardisierung der Schnittstellen, Parametern und Kommunikationsprotokollen voraus.

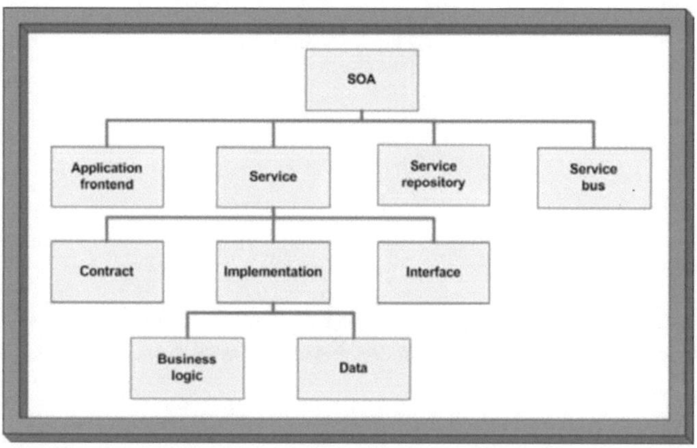

Abbildung 1: Bestandteile einer serviceorientierten Architektur (Quelle: D. Krafzig, K. Banke, D. Slama 2005, S.57)

Der Umfang einer technischen SOA-Lösung aus Sicht der eingesetzten Softwareprodukte umfasst zumeist einen Web Application Server, eine

[8] Computerwoche 2007, Florian Mösch vom SOA Expertenrat über Abgrenzung von SOA zu EAI

Enterprise Application Integration Plattform sowie eine Portalsoftware. Ein Tool für das Master Data Management und Process Management sind ebenfalls häufiger Bestandteil einer SOA basierten Plattform.[9]

Dieses Softwarespektrum versucht die SAP NetWeaver Technologie im vollen Maße abzudecken. Sie sieht sich aber einer harten Konkurrenz anderer Hersteller ausgesetzt wie IBM (Websphere), BEA Systems (Weblogic), Oracle (Oracle SOA Suite), Microsoft (.net) sowie diverser kleinerer Wettbewerber.

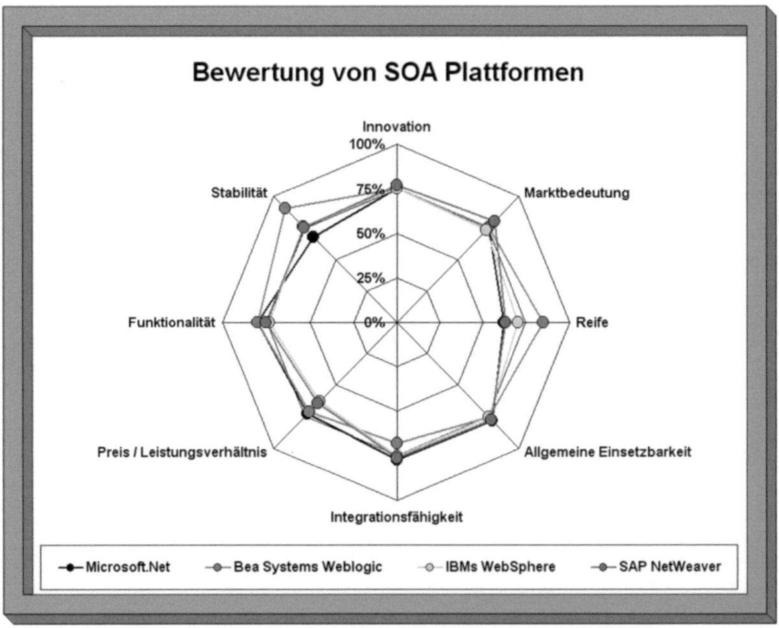

Abbildung 2: Bewertung von SOA Plattformen (Quelle: Vgl. MetaGroup Market Research 2005 S.12)

Die Studie gibt den Stand von 2005 wieder. Gut zu erkennen ist die Tatsache, dass SAP später auf die SOA Tendenzen reagiert hat. Diesen Umstand ist es geschuldet, dass der Reifegrad der SAP NetWeaver Technologie hinter dem von IBM und Bea liegt. Ebenfalls leidet darunter die Stabilität der ausgelieferten Softwarekomponenten, die bei weitem noch nicht das Niveau der alten R/3 Implementierung erreicht haben. Der steigende Konkurrenzdruck und das Verlangen des Marktes nach ständig

9 Vgl. M. Sill 2005, S.7

neuen Technologien zwingt die Hersteller Produkte, mit immer kürzeren Entwicklungszeiten auf den Markt zu bringen. Innovation, Integrationsfähigkeit und allgemeine Einsetzbarkeit sind bei allen Produkten vergleichbar. Die Marktbedeutung der SAP SOA Lösung liegt über den der Mitbewerber, was vor allem an den hohen Marktanteilen der SAP AG liegt.

Einigkeit herrscht bei der Ansicht, dass SOA alt bewährte Prozesse nicht auf einen Schlag ablösen kann. Viele Unternehmen öffnen sich nur zögerlich dem SOA Gedanken. Kunden die SAP NetWeaver in einem erheblichen Umfang einsetzen sind heutzutage noch rar. Die Release Politik von SAP und im Zuge dessen das Auslaufen von Serviceverträgen zwingt die Unternehmen immer stärker auf SAP NetWeaver Produkte zu wechseln. Im Zuge dessen führen vor allem große Kunden verstärkt Pilotprojekte zum Thema durch. Doch nicht nur der Druck des Release Wechsels bringt Unternehmen dazu SAP NetWeaver einzusetzen, die SAP Technologie wird auch als notwendiger Schritt zur Modernisierung der gesamten SAP Infrastruktur angesehen. Genau wie SAP versprechen sich viele Kunden bei der Wartung der Produktlinien SAP R/3, SAP R/3 Enterprise und mySAP ERP (SAP ERP 6.0) Kosten einzusparen.[10]

Die untere Abbildung 3 zeigt auf der Basis einer Marktforschungsstudie der MetaGroup mit 95 befragten Unternehmen die Bedeutung von SAP NetWeaver aus Kundensicht. Klar zu erkennen ist, dass eine vollständige Zustimmung in keinem der gefragten Punkte herrscht. Eine überwiegende Zustimmung erteilte, jeweils in allen Fragen, mindestens die Hälfte der befragten Unternehmen. Die breiteste Zustimmung besteht bei der Frage der Modernisierung von SAP Produkten und Expansion der SAP Infrastrukturtechnologien. Dagegen wird die Kundenbindung und Positionierung gegenüber dem Wettbewerb kritischer betrachtet.

10 MetaGroup Market Research 2005, S.70

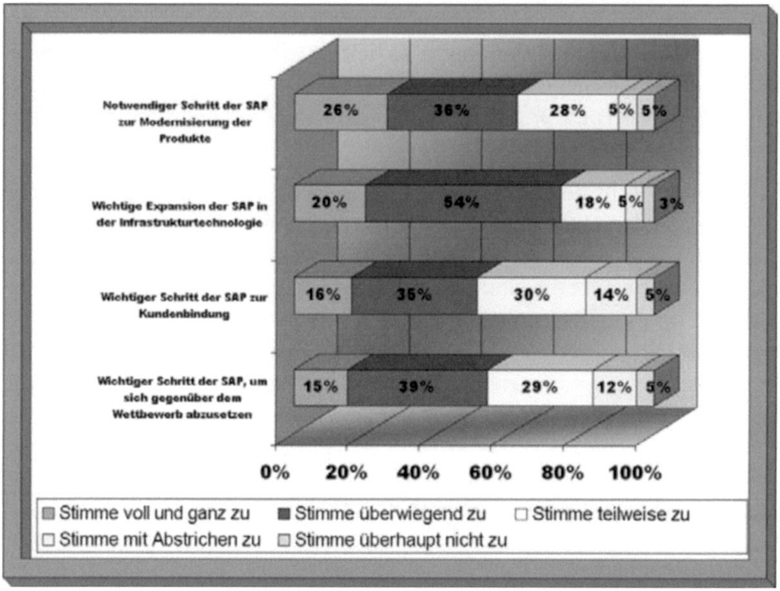

Abbildung 3: Bedeutung von SAP NetWeaver aus Kundensicht (Quelle: Vgl. MetaGroup Market Research 2005 S.71)

3.2. Komponenten von SAP NetWeaver

Die einzelnen Komponenten von SAP NetWeaver umfassen im Wesentlichen 4 Hauptbereiche (siehe Abbildung 4):

- People Integration
- Information Integration
- Process Integration
- Application Platform

Diese Komponenten werden ergänzt von den Querschnittsfunktionen CAF (Composite Application Framework)[11] und Life Cycle Management[12].

---

[11] Stellt den Rahmen der Entwicklung bereit. Dieser beinhaltet Design Werkzeuge, Methodiken, Services und Prozesse, die im Zuge einer Standardisierung der SOA Applikationsentwicklung bereitgestellt werden. Tools im CAF sind u.a. der Visual Composer und die Guided Procedures.

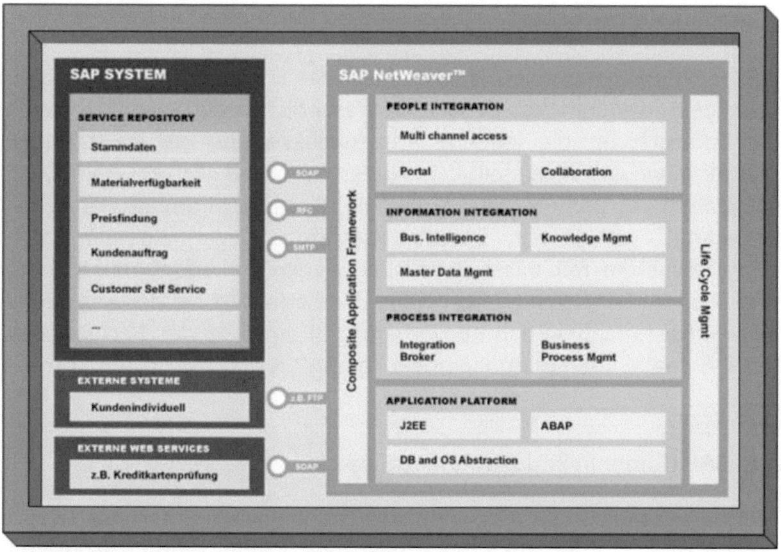

Abbildung 4: SAP NetWeaver (Quelle: Uniorg 2007)

In Abbildung 4 wird der Anspruch von SAP NetWeaver als systemübergreifende Plattform deutlich. Es stellt nicht nur für sich eine eigenständige Applikationsplattform dar, es koppelt über standardisierte Schnittstellen andere SAP Systeme sowie Systeme von Drittanbietern an. Diese Öffnung bedeutet ein Umdenken der SAP AG. Ermöglicht wurde dies durch die breite Nutzung von JAVA, im Zuge der Erweiterung der Application Plattform um den WAS J2EE.

[12] Die unterschiedlichen Lebensphasen wie Erzeugung, Veränderung, Betrieb, Auflösung oder einfaches Monitoring eines Objektes werden hier gesteuert. Dabei kommt der SAP Solution Manager hauptsächlich zum Einsatz.

4. Anbindung von Backendsystemen

In aktuellen Programmiermodellen stellt das User Interface eine eigenständige Anwendungsschicht dar. Im Wesentlichen gibt es 3 Schichten[13]: die Datenschicht, die logische Prozessschicht und die Darstellungsschicht. In vielen Fällen stellt die Prozessschicht lediglich die Anbindung von Datenbank und Frontend sicher, da relevante Informationen schon aufbereitet aggregiert im Datenbanksystem vorliegen. Komplexe Systemlandschaften mit unterschiedlichen Herstellern und Dateiformaten sind eher die Regel als die Ausnahme. Dies erfordert bei der Anbindung aufwendiges Mapping und Konvertierungen zwischen den Persistenzen. Diese Aufgabe übernimmt innerhalb von SAP NetWeaver die PI Komponente.

4.1. SAP Kommunikation mit Web Service

"Webservices bilden die technologische Grundlage der Enterprise Service Architecture. IT-Infrastrukturen können durch ihren Einsatz Schritt für Schritt in Service-orientierte Architekturen umgewandelt werden."[14]

Dieses Zitat verdeutlicht die zentrale Stellung, die SAP der Web Service Technologie innerhalb der eigenen ESOA Philosophie bemisst. Web Services stellen eine Möglichkeit dar, bereits vorhandene SAP Lösungen weiterhin nutzen zu können. Klassische Geschäftsprozessumsetzungen mit BAPI Strukturen, wie sie in vielen Unternehmen Alltag sind, verlieren somit nicht ihren Wert. Sie dienen vielmehr als Grundlage für die Weiterentwicklung der Systemlandschaft. Diese Tatsache ist ein bedeutender Pluspunkt für den Wechsel zu SAP NetWeaver Systemen. Die Anbindung wird mit Hilfe von Web Services realisiert. Die Enterprise Service Architektur basiert wiederum auf der Einführung von Enterprise Services. Diese stellen eine Erweiterung von Web Services dar und implementieren die Business Inhalte über ein Zusammenspiel von zusammen geschalteten Web Services.[15]

4.1.1. RFC in Kombination mit BAPI

Das RFC Protokoll wurde in den 90ziger Jahren von SAP entwickelt und ermöglicht die Kommunikation über SAP Systemgrenzen hinaus. Nicht SAP Systeme können über diesen Weg an SAP Systeme angeschlossen

---

13 Vgl. java.sun.com Blueprint MVC 2002

14 K. Kessler, P. Tillert 2005, S.181

15 V. Nicolescu, B. Funk, P. Niemeyer, M. Heiler 2006, S. 325

werden. Dafür müssen diese Systeme dem RFC Standard genügen. In Zuge der Einführung von Enterprise Services spielt das RFC Protokoll eine wichtige Rolle bei der Erstellung von Web Services aus herkömmlichen BAPIs. Die Kapselung als Web Service ermöglicht die Einbindung des BAPIs in die ESOA Philosophie von SAP und damit die einfache Verwendung im CAF. Denkbar sind BAPIs als reine Datenlieferanten aus dem SAP System, aber auch als Aufrufe von Transaktionen zur Verarbeitung von Import Parametern. Kenntnisse über das SAP Interface Repository[16] sollten vorhanden sein.

Die Umwandlung von BAPIs, die den Standard von RFC genügen, in einen Web Service erfolgt mit Hilfe eines Wizards.

4.1.2. WSDL als Schnittstelle für SAP Web Services

Der SAP Wizard erstellt eine XML Datei, die der Schnittstellenbeschreibung der W3C WSDL Norm entspricht.

„A WSDL document defines services as collections of network endpoints, or ports. In WSDL, the abstract definition of endpoints and messages is separated from their concrete network deployment or data format bindings."[17]

Innerhalb der WSDL Datei sind folgende Informationen enthalten:

- Die Datentypen, die ausgetauscht werden (types)
- Nachrichten, stellen die abstrakte Definition der Datentypen dar (messages)
- Port Typen, definiert die Art der Anbindung zum Beispiel: One Way (portType)
- Bindung, gibt das konkrete technische Protokoll für die Bindung an (binding)
- Ports, hier ist die tatsächliche Zugriffs URI hinterlegt (port)
- Services, fasst mehrere Ports logisch zusammen (service)

Innerhalb des CAFs wird die generierte WSDL Datei an allen Stellen benötigt, an denen ein Web Service eingebunden werden soll. Zum Beispiel bei

---

16 Informationsverzeichnis zu vielen BAPIs und einigen RFCs

17 W3C 2001

der Erstellung eines Callable Objects[18] innerhalb einer Guided Procedure[19] oder bei der Einbindung von Web Services in ein iView[20] welches über den Visual Composer[21] moduliert wurde.

Jede erzeugte WSDL Datei besitzt im Rahmen der SAP Enterprise Service Architecture eine eindeutige URL. Die Adressierung des Web Service kann direkt über diese URL erfolgen. Eine Übersicht über vorhandene Web Services auf dem Java Stack gibt das SAP Application Server Java Tool Web Service Navigator.

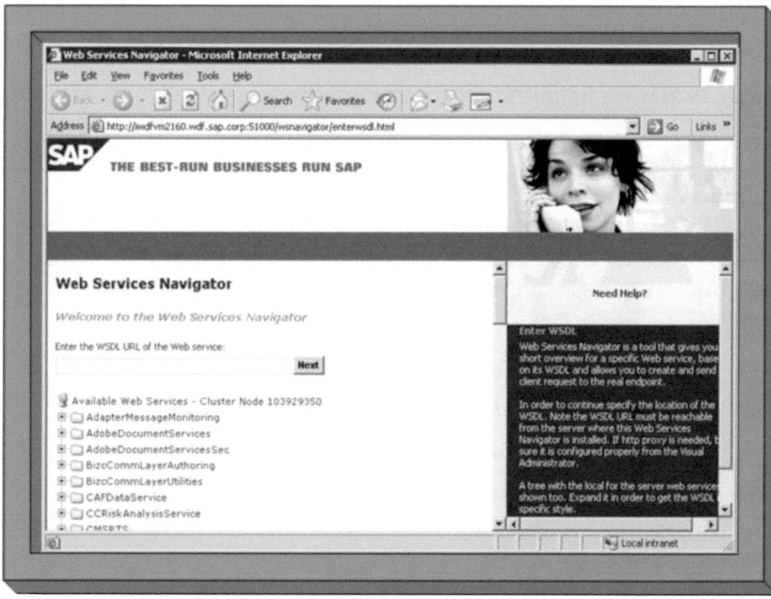

Abbildung 5: Web Service Navigator (SAP WAS Java Discovery System 2007)

Zu Beachten ist, dass das User Mapping innerhalb der WSDL Datei vorgenommen werden kann. Alternativ können in den einzelnen Tools des CAF's bei der Einbindung des Web Services berechtigte User (Username und Passwort) hinterlegt werden. Dies führt zu gewissen Redundanzen, die sich spätestens beim Ändern oder gar Löschen des gewählten Nutzers

[18] Siehe Kapitel 5.6.1
[19] Siehe Kapitel 5.6.1
[20] Siehe Kapitel 5.6.1
[21] Siehe Kapitel 5.6.1

fatal auswirken können. Die große Anzahl an Enterprise Services und die noch höhere Zahl an den darunter liegenden Web Services macht eine zentrale Nutzerverwaltung erforderlich.

Des Weiteren ist ein nachträgliches Ändern eines Web Service nicht ohne weiteres möglich. Dies würde ein Redeploying der Anwendungen, die den Web Service nutzten, nötig machen. Bei komplexen Web Dynpro Projekten hat sich gezeigt, dass dies nur schwer, unter einem erhöhten Zeitaufwand realisierbar ist. SAP betrachtet einen publizierten Web Service als fertig entwickelten Baustein. Kommt es zu Weiterentwicklungen des Services, muss dieser in Form einer neuen Version eingebunden werden. Dies geschieht momentan nicht automatisch. In allgemeinen SOA Spezifikationen heißt zu diesem Thema: „Because your SOA inevitably changes over time, you will want your SOA management solution to abstract your developers and your services from the challenges that changes brings."[22]

Dies macht deutlich, dass SAP in diesem Thema nicht den SOA Vorgaben gefolgt ist.

4.2. PI

Lange Zeit bekannt als SAP XI ist die Process Integration eine Middleware zur Verbindung von SAP Systemen untereinander aber auch zu Nicht SAP Systemen. Umgesetzt ist PI in Form des Integration Servers. Dieser besteht aus 3 wesentlichen Bausteinen:

- Integration Engine
- Adapter Engine
- Business Process Engine

Folgende Grafik verdeutlicht den Aufbau und die Kommunikation über den Integration Server.

[22] E. Pulier, H. Tyler 2006, S.135

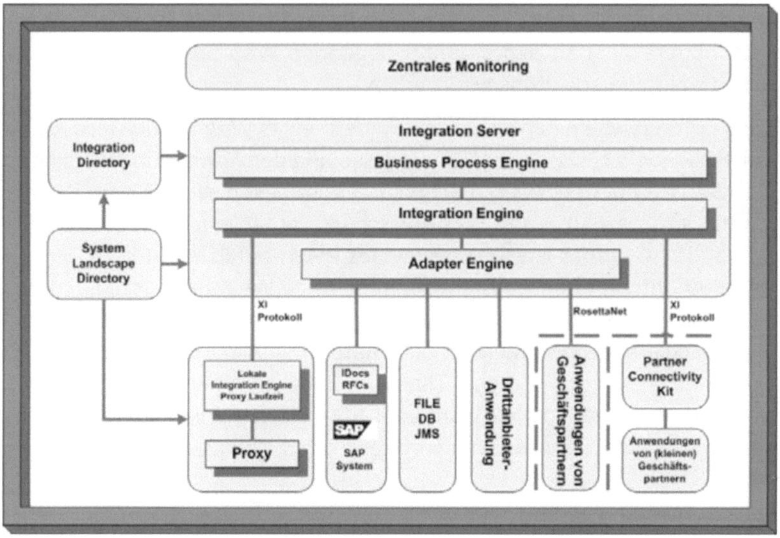

Abbildung 6: Kommunikation über den Integration Server (Quelle: Vgl. Stumpe S.21)

Die zentrale Komponente von SAP PI ist die Integration Engine innerhalb des Integration Servers. Als Datenformat für den Informationsaustausch zwischen den Komponenten dient hierbei das Standardformat XML. „Die Integration Engine empfängt Messages über das XI-Message-Protokoll und führt zentrale Dienste wie Routing und Mapping für empfangene Messages aus. Das XI-Message-Protokoll basiert auf der W3C-Note SOAP Messages with Attachements.“[23]

Sollen andere Systeme als Datenlieferant oder Datenkonsument an den Integration Server angeschlossen werden, bedarf es eines Adapters. Diese Adapter werden mit der Adapter Engine realisiert. „Abgesehen vom IDoc-Adapter setzen dabei alle Adapter auf der Adapter-Engine auf, die zentrale Dienste für das Messaging, Queueing und Security-Handling bereitstellt. Der jeweilige Adapter setzt Aufrufe beziehungsweise Messages des Senders in das XI-Format für die Integration Engine um.“[24]

Die dritte Einheit des Integration Servers stellt die Business Process Engine dar. Eine Aufgabe der Business Process Engine ist die Erweiterung von Funktionalitäten des reinen Mappings und Weiterleiten der XI Nachrichten um eine zustandsgesteuerte Message Verarbeitung. „Die Engine ar-

[23] Stumpe, Orb 2005, S.20

[24] Stumpe, Orb 2005, S.20

beitet ein Prozessmodell ab und wartet gegebenenfalls auf weitere Messages, bevor die Ausführung fortgesetzt wird."[25]

Die Philosophie hinter diesem Aufwand besteht darin, dass eine Entkoppelung der Systeme stattfinden soll. Point to Point Verbindungen zwischen den Softwaresystemen, wie sie in der Vergangenheit häufig zum Einsatz kamen, sind aufwendig in Pflege und Wartung. In Zukunft sind nur noch die benötigten Daten wichtig. Woher diese aus der Systemlandschaft stammen, spielt für den Konsument der Daten keine Rolle mehr. Die Zuordnung zwischen Sender und Empfänger beziehungsweise Datenlieferant und Datenkonsument übernimmt SAP PI. Dies ermöglicht ein weit flexibleres Umgehen mit Daten. Die Anbindung von Fremdsystemen zum Beispiel bei Firmenfusionen wird somit entscheidend verbessert und spart Kosten.

---

[25] Stumpe, Orb 2005, S.21

5. SAP User Interfaces

5.1. SAP GUI

SAP griff die Entwicklung der Drei-Schichten-Architektur in den frühen 90ziger Jahren auf. Dabei findet eine strikte Trennung zwischen Präsentations-, der Applikations- und der Datenhaltungsschicht statt, siehe Abbildung 7.

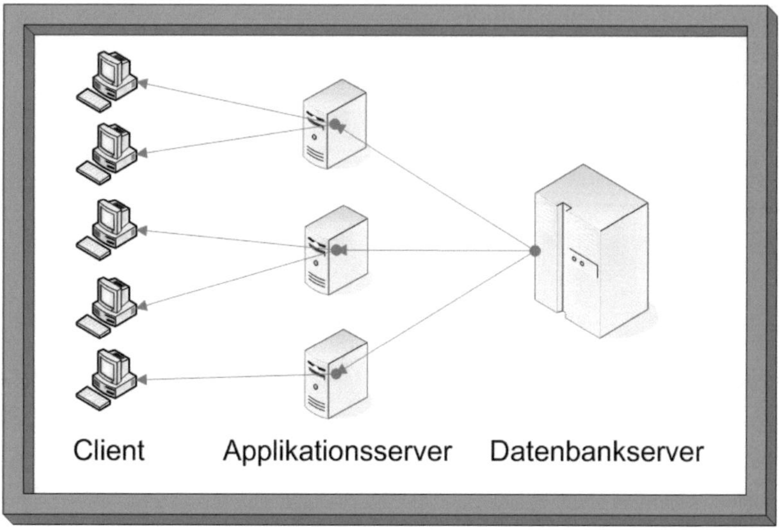

Abbildung 7: SAP Drei Schichten Architektur

In der Datenhaltungsschicht werden alle Daten zentral verwaltet. Dagegen ist die eigentliche Prozesslogik auf dem Applikationsserver in der Applikationsschicht hinterlegt. Das SAP GUI übernimmt alle Präsentationsaufgaben und den Dialog mit dem Benutzer. Die dadurch erreichte Lasttrennung innerhalb der SAP Landschaft ermöglicht so eine optimale Ausnutzung der Ressourcen aller Beteiligten Systeme.[26]

---

[26] Vgl. K. Kessler, P. Tillert 2005, S. 485

5.2. Klassischer SAP GUI

5.2.1. Technik des klassischen SAP GUI

Das erste User Interface in dieser Studie ist gleichzeitig auch das älteste und weit verbreitete SAP Interface. Das klassische SAP GUI stellt nach wie vor einen zentralen Einstiegspunkt in das SAP System dar. Das graphische Benutzerinterface bildet die komplette Kommunikation zwischen Benutzer und ERP Instanz ab. Die Installation erfolgt auf der Client Seite. Als Gegenseite fungiert der SAP Applikationsserver. Dieser regelt die Zugriffe auf Backendsysteme wie Datenbanken vom ERP oder Nicht SAP Systemen. Als Verbindungsprotokoll zum Applikationsserver dient das proprietäre SAP DIAG[27] Protokoll. Der SAP Client ist ein vollwertiger rich Client.

5.2.2. Vor.- und Nachteile des klassischen SAP GUI

Die Vorteile einer clientseitigen Installation des Frontends sind unter anderem:

- Befreiung der Mittelschicht (Applikationsserver) von Renderingaufgaben im Zuge der Visualisierung von Transaktionen
- Individuelle Layoutanpassungen werden ebenfalls lokal gespeichert
- Früher getätigte Eingaben bleiben in einer History gespeichert
- Ein SAP GUI kann auf mehrere Applikationsserver zugreifen und unterstützt somit ein paralleles Arbeiten auf weiteren SAP Instanzen

Zu den wesentlichen Nachteilen zählen:

- Pro Arbeitsplatz ein SAP GUI, dies ist wartungsintensiv und verursacht erhöhte Administrationskosten
- Updates oder das Einspielen neuer Versionen machen einen unternehmensweiten Rollout des neuen SAP GUI Clients notwendig, eine Regelung für Nachzügler muss vorgehalten werden
- Das zentrale Bereitstellen der Transaktionsdaten vom Applikationsserver und die Verteilung auf alle Anwendungsclients verursacht ein erhöhtes Datenaufkommen im Netzwerk

---

[27] Dynamic Information and Action Gateway, dient ebenfalls zur Kommunikation mit den ITS (Internet Transaction Server)

5.2.3. Nutzergruppe des klassischen SAP GUI

Lange Zeit stellte das klassische SAP GUI das einzige User Interface im SAP R/3 System dar. Dieser Umstand bedeutete, dass so unterschiedliche Nutzergruppen wie Administratoren, Sachbearbeiter, Infouser[28] oder Entwickler alle mit demselben Frontend arbeiten mussten. Die Komplexitätsanforderungen an das User Interface sind je nach Nutzergruppe verschieden. Mit einem Rollenmanagement werden daher verschiedene Sichten auf das klassische SAP GUI gesteuert. Dabei wird dennoch immer wieder bemängelt, dass es zu lange dauert bis die erforderlichen Kenntnisse zur Bedienung des klassischen SAP GUI's erlernt wurden. In einer Studie der Leopold-Franzens-Universität Innsbruck stellte sich unter anderem heraus, dass nur rund die Hälfte aller Probanden gut mit dem SAP Frontend zu Recht kamen[29]. Auf diese Probleme reagiert SAP mit der Entwicklung neuer User Interfaces, die im weiteren Verlauf dieser Studie beschrieben werden.

5.2.4. Businessrelevanz des klassischen SAP GUI

Im Rahmen der Marktforschung zum Thema „SAP NetWeaver: Strategische Herausforderung für die serviceorientierte Softwarearchitektur" hat die MetaGroup ebenfalls eine stichprobenartige Untersuchung über den generellen Einsatzgrad von SAP Technologien durchgeführt. Vom November 2004 bis Januar 2005 wurden 416 Unternehmen mit 100 und mehr Mitarbeitern über ihre SAP Ausrichtung befragt. Da bis zum Frühjahr die SAP NetWeaver Marktdurchdringung als gering einzuschätzen ist, dient diese Studie vor allem der Analyse der Verbreitung der SAP ERP Lösung. Da das SAP GUI untrennbar mit den ERP Produkten SAP R/3 und SAP R/3 Enterprise verbunden ist, können die ermittelten Informationen als gleichbedeutend mit der Marktrelevanz vom SAP GUI angesehen werden.

Der Marktanteil von SAP Installationen über alle Branchen in Deutschland betrug demnach im Jahre 2005 36%. Bei Unternehmen der Größenklasse mehr als 5000 Mitarbeiter beträgt der Marktanteil in Deutschland 69%, siehe Abbildung 8.

---

[28] Nutzer der nur an Informationen aus dem SAP System interessiert ist, wie zum Beispiel Manager oder Analysten.

[29] Vgl. computerwoche SAP Usability 2006

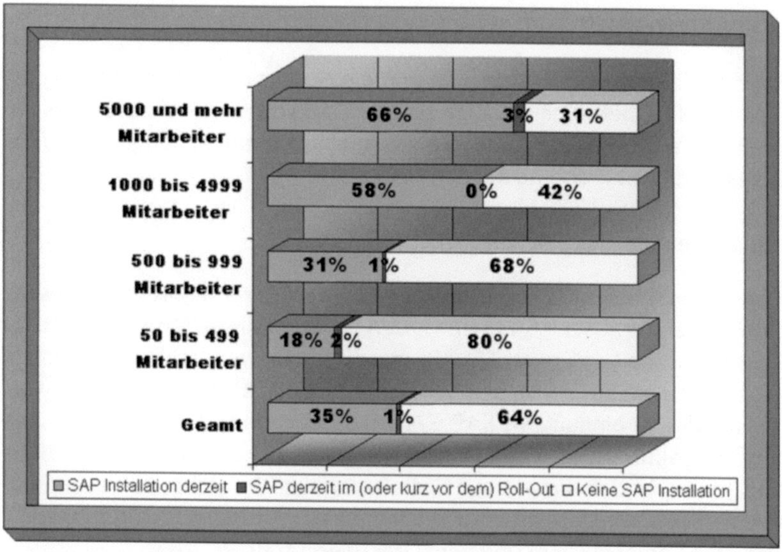

Abbildung 8: SAP Marktanteile (Quelle: Vgl. MetaGroup Market Research 2005 S.20)

Die Einsatzverbreitung des SAP GUI entspricht den Werten aus der oberen Abbildung 8.

5.2.5. IT Relevanz des klassischen SAP GUI

Durch den Aufwand auf jeden Client Rechner das klassische SAP GUI zu installieren, steigen die Anforderungen an die IT. Es muss im administrativen Ablauf gewährleistet werden, dass jeder neu ausgelieferte Rechner die entsprechende Einrichtung der Zugänge an SAP Backend Systeme erhält. Des Weiteren macht ein Versionswechsel des SAP GUI's es erforderlich, dass auf jeden einzelnen Rechner die neue Version ausgerollt wird. Dies verursacht einen nicht zu unterschätzenden IT Aufwand. Bei Unternehmensgrößen jenseits von 1000 SAP Anwender verschlingt diese Aufgabe viel Zeit. Software wird heutzutage üblicher Weise über das lokale Netzwerk verteilt. Ein SAP Client hat in etwa die Größe von 500MB. Dies verdeutlicht, dass ein Rollout eines neuen SAP GUI Clients einen gewissen Planungsaufwand verursacht, damit nicht alle Anwender gleichzeitig das Netz belasten.

5.3. SAP Web GUI

SAP hat in den späten 90ziger Jahren die Notwendigkeit erkannt, R/3 Inhalte im Internet zugänglich zu machen. Mit dem SAP Web GUI folgte SAP den Wunsch vieler Kunden ein betriebssystemunabhängiges und installationsfreies Frontend auf den Markt zu bringen.

5.3.1. Technik des SAP Web GUI

Die technische Basis für das SAP Web GUI stellt der SAP Internet Transaction Server dar. User Anfragen werden zunächst ans WGate übermittelt. Diese Anfrage wird über TCP/IP an ein AGate weitergeleitet, welches nicht zwingend auf denselben Server vorgehalten sein muss. Dieses AGate baut die Verbindung ins SAP System auf und führt dort die gewünschten Transaktionen aus. Die ermittelten Informationen werden mit Hilfe von CSS - beziehungsweise HTML – Vorlagen in Webseiten gekapselt und zurück ans WGate geschickt. Von dort werden diese Seiten zurück an den Web Server gesandt und dem User übermittelt.

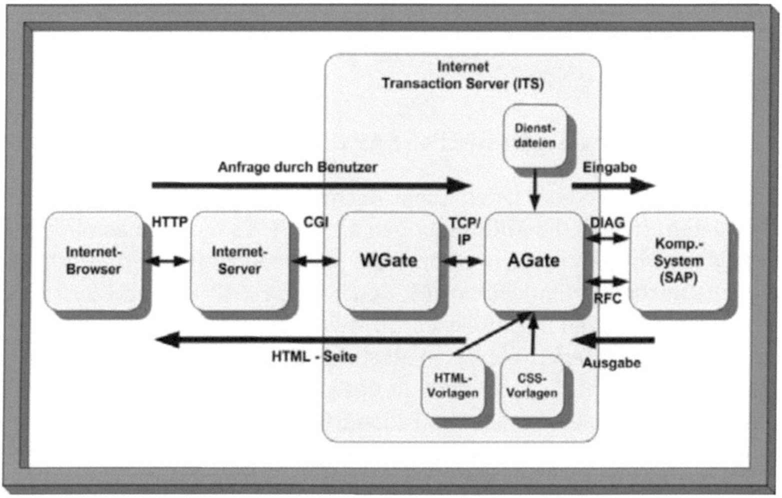

Abbildung 9: SAP ITS (Quelle: Eigendarstellung nach SAP Angaben)

Der SAP GUI für HTML wandelt automatisch bestehende R/3 Transaktionen in Web-Transaktionen um. Dabei nutzt es den auf HTML basierenden und von SAP erweiterten HTMLB Standard zur Templategenerierung.

5.3.2. Vor.- und Nachteile des SAP Web GUI

Die Vorteile des SAP Web GUI sind folgende:

- Der Installationsaufwand entfällt
- Entlastung der Administration, da das Frontend zentral im Netz auf dem ITS gewartet wird
- Der Zugriff auf das Frontend kann betriebssystemunabhängig erfolgen und setzt lediglich Anforderungen an den Browser voraus
- Neuen Nutzern kann ohne Mehraufwand der Zugang zum Frontend ermöglicht werden

Zu den wesentlichen Nachteilen zählen:

- Die Verarbeitungsgeschwindigkeit gegenüber lokal installierten Lösungen sinkt dramatisch, dies schließt das SAP Web GUI für Anwender mit häufigen Transaktionsanfragen von vorne herein aus
- Teilweise müssen die einzelnen Transaktionen manuell nachgebaut werden
- Die Netzbelastung steigt
- Individuelle Layoutanpassungen sind nicht möglich

5.3.3. Nutzergruppe des SAP Web GUI

Zu den wesentlichen Nachteilen des SAP Web GUI's gehört die langsame Verarbeitungsgeschwindigkeit. Dies führt dazu, dass Nutzer mit häufigen Transaktionsanfragen dieses Frontend meiden. Handelt es sich um einen Gelegenheitsnutzer, ist der Einsatz sinnvoll. Für externe Mitarbeiter, die ohne Installation des klassischen SAP GUI an das SAP System angeschlossen werden sollen, stellt der SAP Web GUI oft die einzige Möglichkeit des Zugriffs dar.

Das SAP GUI für HTML wird unter anderem auch im SAP NetWeaver Portal benutzt. Benötigte Transaktionen werden unter Verwendung von Single Sign On[30] aufgerufen.

---

30 Einmaliges Anmelden an einer SAP Instanz, die Anmeldedaten werden bei Bedarf automatisch anderen SAP Instanzen mitgeteilt, so dass eine erneute Anmeldung entfällt.

5.3.4. Businessrelevanz des SAP Web GUI

Einer der Hauptunterschiede zum klassischen SAP Client liegt in der Tiefe der Anwendungen. Dem Anwender werden nur Funktionen verfügbar gemacht, die er tatsächlich für die Arbeitsanforderungen benötigt. Alles darüber Hinausgehende wird weggelassen. Dies führt zu einer effizienten Bereitstellung und vor allem Darstellung der Business Vorfälle. Auf der anderen Seite wird dem Nutzer die Möglichkeit entzogen selbstständig auf veränderte Anforderungen reagieren zu können. Ihm ist es nicht mehr möglich nach Belieben andere Transaktionen oder Reports aufzurufen. Der Mehrwert der Nutzerfreundlichkeit wird mit einem Verlust der Flexibilität erkauft.

5.3.5. IT Relevanz des SAP Web GUI

Es besteht die Möglichkeit eigene Web-Transaktionen zu schreiben. Über das Entwicklungsmodell Web Transactions können individuelle Dialoge für SAP erstellt werden. Dabei sind allerdings erweiterte Kenntnisse in HTML, HTMLB, JavaScript notwendig. Die Entwicklungsarbeiten werden mit der Programmierumgebung SAP@Web Studio durchgeführt. Deployed werden die Transaktionen ebenfalls auf dem ITS[31].

5.4. SAP NetWeaver Business Client

„In principle, the SAP NetWeaver Business Client (NWBC) is a rich client that can access all of SAP's business applications. It runs not only new Web Dynpro or Visual Composer applications but also classical Dynpros, BSP pages, analytic dashboards, iViews, portal pages, etc. The data exchange between NWBC and the SAP NetWeaver server is based on standards and open services."[32]

Vormals unter dem Projektnamen SAP MUSE bekannt, nimmt der SAP NetWeaver Business Client (NWBC) seine Rolle als neuer systemunabhängiger SAP Client ein.

5.4.1. Technik des SAP NetWeaver Business Client

Der Business Client ist sowohl in der Portal- und Java-Umgebung sowie in der ABAP- Umgebung implementiert.[33] Der wesentliche Unterschied zwischen diesen beiden Anwendungen liegt im User- beziehungsweise Rol-

---

[31] Vgl. Erpgenie 2007

[32] SAP AG NWBC 2007

[33] Vgl. Help SAP NWBC 2008

len-Management. Der Javaclient bezieht die Rollenbeschreibungen aus dem Portal Content Directory (PCD), während der ABAP- Client die Rolleninformationen aus dem SAP Backend entnimmt. Das PCD ist direkt im Portal mit entsprechenden Administrationsrechten im Content Bereich editierbar. Die Rollen für den ABAP- Client können mit der Transaktion PFCG bearbeitet werden. SAP spricht aufgrund dieser Tatsache von SAP NWBC (mit PCD-Anbindung) beziehungsweise SAP NWBC (mit PFCG-Anbindung).

5.4.2. Vor.- und Nachteile des SAP NetWeaver Business Client

Vorteile des SAP NetWeaver Business Clients sind unter anderem folgende:

- Rich Client Funktionalitäten in einem browserbasierten Frontend
- Kein Installationsaufwand und lokaler Rollout von neuen Versionen entfällt
- Der Content kann zentral verwaltet werden
- Zugang für mobile Endgeräte
- Neue Nutzer sind leicht integrierbar
- Integration von verschiedenen Applikationen innerhalb eines Frontends, was den NWBC zum zentralen Arbeitswerkzeug macht

Nachteile des NWBC sind in folgender Auflistung zu finden:

- Verarbeitungsgeschwindigkeit niedriger als bei einem lokal installierten Frontend
- Nicht alle Funktionen des klassischen SAP GUI sind im NWBC integriert, zum Beispiel das Customizing oder Entwicklungsumgebungen (ABAP) (dieser Nachteil könnte in neueren Versionen des NWBC behoben werden)
- Es stehen immer nur die Transaktionen zur Verfügung die zentral für diesen Nutzer aktiviert worden sind, eigenständige Suche nach alternativen Transaktionen ist nicht mehr ohne Customizing - Aufwand möglich
- Läuft nur auf Betriebssystemen, die die Microsoft Technologie .net unterstützen

5.4.3. Nutzergruppe des SAP NetWeaver Business Client

Derzeit steht der NWBC noch nicht allen SAP NetWeaver Nutzern zu Verfügung.[34]

In folgenden Produkten kommt der NWBC bereits zum Einsatz[35]:

- SAP All-in-One version 1.2
- SAP XSOP 5.1[36]
- SAP ERP Enhancement Package 2005.2

SAP plant den NWBC für weitere SAP NetWeaver basierte Produkte verfügbar zu machen.

SAP gibt als Zielgruppe für den NWBC den so genannten Business User an.[37] Dies sind Nutzer die sowohl strategische, taktische als auch operationelle Aufgaben managen. Damit lässt sich SAP alle „Türen" offen. Überall dort wo vorwiegend standardisierte Geschäftsvorfälle bearbeitet werden, lohnt sich der Einsatz. Die Inhalte können zentral gewartet und mit Content gefüllt werden. Der „A day in the life of a business user"[38] Ablauf stellt ein Konzept dar, welches den Nutzer in allen Phasen eines Geschäftsvorfalles optimal unterstützen soll. Dies bezieht sich vorwiegend auf die Art und Weise wie er zu Informationen kommt und wie er Daten ins SAP System eingeben kann.

SAP plant den NWBC für mobile Endgeräte nutzbar zu machen. "Ein natives Blackberry-Modul wird es ermöglichen, SAP-Applikationen auf dem Gerät zu bedienen"[39]. Ob die Bedienung komplexer SAP Transaktionen auf einem kleinen Bildschirm allerdings sinnvoll ist, bleibt dahingestellt. SAP folgt hier dem wachsenden Trend vor allem Datenreports jederzeit dem Endanwender mobil verfügbar zu machen.

5.4.4. Businessrelevanz des SAP NetWeaver Business Client

Mit der Entwicklung des NWBC reagiert SAP auf die aktuellen Marktbedürfnisse Rich Clients auf Basis von Webtechnologien zu entwerfen. Dies

---

34 SAP Hinweis 900000 - NetWeaver Business Client 2007

35 Stand 07.12.2007

36 SAP xApp Sales and Operations Planning

37 SAP White Paper NWBC 2007, S.7

38 SAP White Paper NWBC 2007, S.8

39 Filip Misovski, Product Strategist Netweaver User Interface Technology, gegenüber dem Magazin computerwoche

haben konkurrierende Konzerne ebenfalls erkannt. Derzeit entwickeln viele große Hersteller[40] eigene Internet Rich Clients für ihre ERP Systeme.

5.4.5. IT Relevanz des SAP NetWeaver Business Client

Folgende Möglichkeiten im Funktionsumfang stellt der NWBC zur Verfügung:

- Portal-Anwendungen[41]
- Web-Dynpro-ABAP-Applikationen
- Web-Dynpro-Java-Applikationen
- BSP-Applikationen
- HTML-Seiten
- Dynpro-Bildschirme, die auf dem klassischen Dynpro-Programmiermodell von SAP basieren
- Interaktive Formulare und Druckformulare (AIF)

Der NWBC bietet damit viele wichtige Funktionen des klassischen SAP Client ebenfalls an. Um den alten SAP Client vollständig abzulösen, muss der NWBC allerdings auch tiefer gehende Funktionen anbieten. Bisher sind umfangreiche Administrations-, Customizingmöglichkeiten des SAP Backends nicht Bestandteil des NWBC.

5.5. Duet

Ursprünglich unter den Projektnamen Mendocino bekannt, stellt Duet eine Gemeinschaftsentwicklung von Microsoft und SAP dar. Die marktbeherrschende Position von Microsoft im Bereich der Office Anwendungen[42] lässt eine Kombination mit dem Marktführer von Unternehmenssoftware SAP sinnvoll erscheinen. Seit dem Jahr 2005[43] laufen die gemeinsamen Entwicklungen. Der Name Duet steht seit dem ersten Release 2006 fest und soll marketingwirksam das Zusammenspiel beider Softwareprodukte unterstreichen.

---

40 Vgl. pcwelt RIA 2007

41 Nicht beim SAP NetWeaver Business Client (mit PFCG-Anbindung)

42 Schreib-, Kalkulations-, Nachrichten- und Terminplanungssoftware

43 Vgl. Erpmanager 2005

5.5.1. Technik von Duet

SAP und Microsoft setzen als Vorraussetzung für den Einsatz von Duet eine umfangreiche Infrastruktur voraus. Folgende Software wird benötigt:

Client

- MS Office 2003 oder 2007
- .net 2.0
- MS Duet Client Add On

Systemlandschaft

- Windows 2003 Server und SQL Server 2005
- Server mit SAP NetWeaver 2004
- mySAP ERP 04 oder 05 System
- Exchange 2003+
- MS Active Directory

Zusätzlich können noch diverse PlugIns implementiert werden, die eine Verbindung mit MS SharePoint Server oder SAP BI/BW herstellen.

Die folgende Grafik verdeutlicht den erheblichen Aufwand, der für das Betreiben von Duet unternommen werden muss.

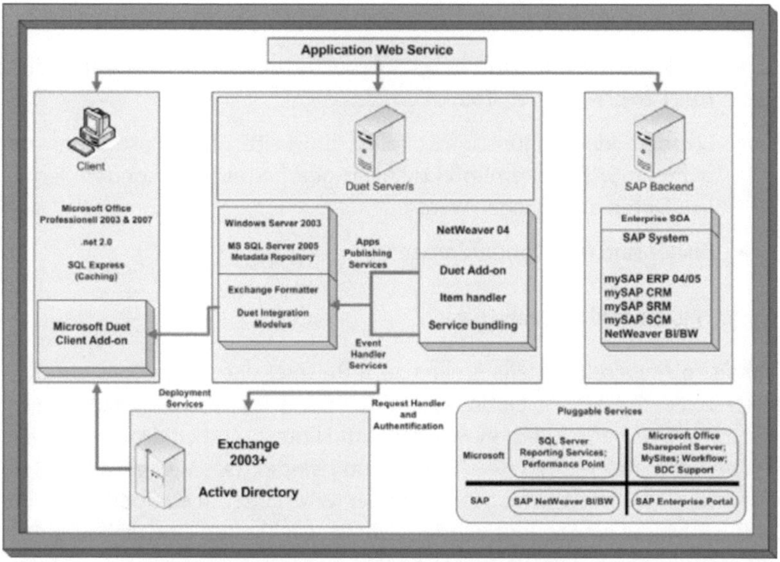

Abbildung 10: Duet Systemlandschaft (Quelle: Microsoft TechEd Tien/Sassos)

Besonders das aufwendige User- beziehungsweise Rollenkonzept von SAP muss über ein Active Directory im Abgleich mit allen beteiligten Datenquellen sichergestellt werden. Schließlich dürfen auch Duet User nur auf solche Daten zugreifen, für die sie die Berechtigung haben.

5.5.2. Vor.- und Nachteile von Duet

Die Vorteile von Duet:

- Medienbruchfreier Zugang auf SAP Daten in der gewohnten Microsoft Office Umgebung
- Die Akzeptanz der SAP Nutzung wird gesteigert durch Wegfall von aufwendigen Schulungsmaßnahmen für SAP Frontends
- Effektivere Arbeitszeitnutzung, da ein Einloggen in mehreren Systemen entfällt
- Aufgaben können verstärkt dann ausgeführt werden, wenn sie tatsächlich anfallen. Zum Beispiel können Urlaubsanträge sofort genehmigt oder abgelehnt werden, wenn die entsprechende Antragsmail im Postfach liegt.

Die Nachteile von Duet sind:

- Implementierung stellt hohe Ansprüche an die IT Infrastruktur, dies führt zu erweiterten Kosten
- Lizenzmodell ungünstig. Es fallen doppelte Lizenzkosten an, obwohl im SAP System effektiv nicht gearbeitet wird, sondern lediglich Daten abgeglichen werden[44].
- Bisher sind nur Standardprozesse umsetzbar

5.5.3. Nutzergruppe von Duet

Mögliche Anwendungsfälle stellen zum Beispiel das Zuschicken von Reports aus dem SAP ans Outlook Postfach dar. Diese könnten dann gleich aus Excel bearbeitet werden, während im Hintergrund ein Datenabgleich mit den entsprechenden SAP Tabellen stattfindet. Des Weiteren könnten einfache Abläufe wie Urlaubsplanung der Mitarbeiter in Outlook sofort im SAP HR Modul eingepflegt werden. Die Möglichkeiten sind vielfältig und könnten durchaus dazu beitragen Kosten zu senken.

5.5.4. Businessrelevanz von Duet

Die Businessrelevanz von Duet kann hoch eingeschätzt werden. Businessrelevanz bedeutet in diesem Fall aber nicht Marktanteil. Mag man den vollmundigen Marketingversprechen von SAP glauben, so existieren bereits einige umgesetzte Projekte mit Duet[45]. Große bekannte Kunden sucht man bisher vergeblich. Dies liegt nicht zu letzt an den immer wieder verzögerten Versionsupdates. Derzeit liegt Duet nach wie vor in der Version 1.0[46] vor. Version 1.5 steht nach Angaben von SAP kurz vor der Ramp Up Phase. Trotz bestehenden SAP Duet Special Expertise Partnerschaft gelang es den zuständigen Mitarbeitern von computacenter nicht, verbindlichen Angaben über das Erscheinen von Duet 1.5 zu erhalten.

In der Version 1.0 sind lediglich standardisierte Vorgänge implementiert. Ein Anpassen an tatsächliche firmeninterne Abläufe ist nicht möglich. Dennoch zeigt sich in den ersten Tests das hohe Potential von Duet. Gelingt es SAP Duet anwenderfreundlich umzusetzen und vor allem das Customizing zu verbessern, könnten tatsächlich Synergieeffekte erzielt werden.

---

[44] Vgl. Computerwoche Duet Lizenz 2008

[45] Vgl. SAP AG Duet 2008

[46] Stand 01/2008

Allerdings bestehen berechtigte Zweifel an der Umsetzung dieser Pläne. Es mehren sich die Anzeichen dafür, dass SAP und Microsoft immer weniger Ressourcen für das Vorantreiben des Duet Projektes aufwenden und sich somit die Auslieferung der nächsten Version verzögert[47].

5.5.5. IT Relevanz von Duet

Von einer einfachen und schnellen Implementierung kann nicht die Rede sein. Vielmehr sind eine Vielzahl von Anpassungen an bestehende Infrastrukturkomponenten vorzunehmen. Fehlen die nötigen Komponenten sogar völlig, dann steht der Aufwand in einem schlechten Verhältnis. Duet richtet sich allerdings an Kunden die bereits verstärkt auf Microsoft und SAP Lösungen setzen.

5.6. SAP NetWeaver Portal

„Ein Unternehmensportal ist definiert als eine Applikation, welche basierend auf Webtechnologien einen zentralen Zugriff auf personalisierte Inhalte sowie bedarfsgerecht auf Prozesse bereitstellt. Unternehmensportale bieten so die Möglichkeit, Prozesse und Zusammenarbeit innerhalb heterogener Gruppen zu unterstützen. Charakterisierend für Portale sind die Verknüpfung und der Datenaustausch zwischen heterogenen Anwendungen über eine zentrale Plattform und eine einheitliche Benutzeroberfläche. Eine manuelle Anmeldung an den einzelnen in der Plattform integrierten Anwendungen ist durch Single Sign-On nicht mehr notwendig."[48]

Die zentrale Bedeutung nimmt demnach die Prozessverarbeitung ein. Das Portal hat die Aufgabe Limitierungen in der Prozessverarbeitung, die zum Beispiel auf Medienbrüche oder technologische Inkompatibilitäten beruhen, aufzuheben beziehungsweise zu umgehen.

Des Weiteren nimmt die Einbindung von Daten und Funktionen[49] eine ebenso entscheidende Rolle ein, wie die Einbindung der verschiedensten Nutzergruppen. Diese Gruppen decken den gesamten betrieblichen Nutzerkreis ab: Lieferanten, Mitarbeiter, Management, Kunden und Partner, siehe Abbildung 11.

---

47 Computerwoche Duet 2008

48 J. Vlachakis, A. Kirchhof, T. Gurzki 2005, S.11

49 Vgl. V. Nicolescu, K. Klappert, H. Krcmar 2007, S.27

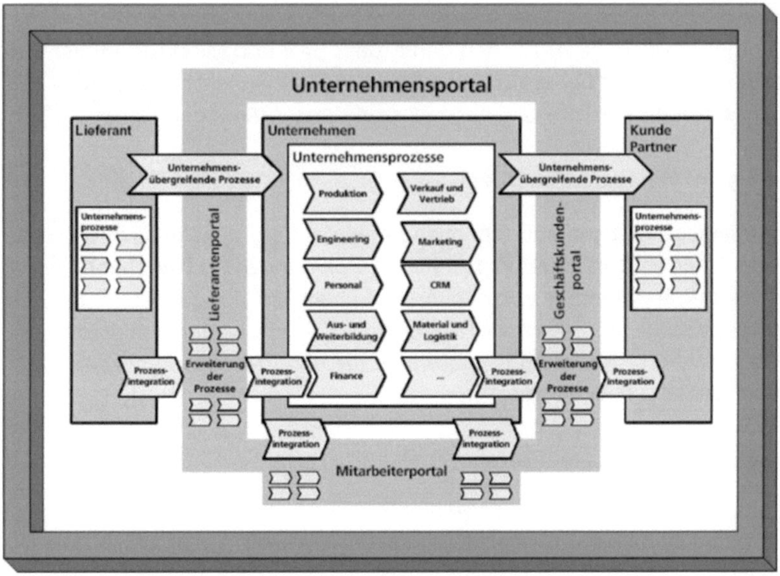

Abbildung 11: Portalarchitektur (Quelle: V. Nicolescu, K. Klappert, H. Krcmar 2007 S. 25)

5.6.1. Technik vom SAP NetWeaver Portal

Die technische Grundlage des SAP NetWeaver Portal stellt die Plattform SAP NetWeaver dar. Innerhalb der SAP NetWeaver Architektur setzt das Enterprise Portal auf dem SAP NetWeaver Application Server Java auf. Die folgende Grafik zeigt das Portalframwork und die prinzipiellen Verbindungen der einzelnen Services, welche im Portal zur Verfügung stehen.

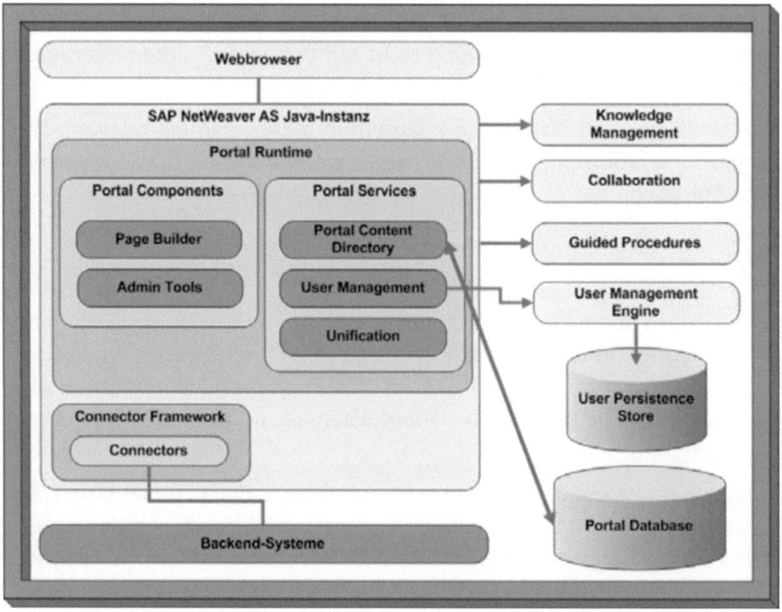

Abbildung 12: Portalframwork (Quelle: Vgl. V. Nicolescu, K. Klappert, H. Krcmar 2007 S. 220)

Die Portalruntimeumgebung läuft als Erweiterung im SAP NetWeaver Application Server Java. Dabei werden Portal Components und Portal Services unterschieden.

Portal Components sind spezifische JAVA Programme, die fest in der Runtime eingebettet sind. Diese erzeugen HTML Code, nachdem sie durch einen User Request aufgerufen worden sind. Die Eigenschaften des HTML Codes werden durch iViews[50] bestimmt. Deren Funktionalität stammt aus dem JAVA Programm der Portalkomponente.

Portal Services dienen der Interoperabilität zwischen den einzelnen Portal Components. Ein Portal Service stellt zum Beispiel die Anbindung an die User Management Engine sicher. Es existiert ebenfalls ein Service, der die Benutzung der Konnektoren innerhalb des Connector Framework sichert.

Das Connector Framework basiert auf dem Standard der J2EE Connector Architecture (JCA). Über diese Konnektoren werden Backendsysteme wie SAP R/3 aber auch Systeme von Drittanbietern ans Portal angeschlossen.

---

50 Integrated View, dies sind die kleinsten Objekte auf Portalseiten. Aus diesen Miniapplikationen baut sich eine Portalseite zusammen und kann somit aus verschiedenen Anwendungen Inhalte integrieren.

Alle Konnektoren können als Web Service verwendet werden. Somit beschränkt sich deren Verwendung nicht nur auf J2EE Programmierumgebungen.

Die nachfolgenden Abschnitte erläutern in aller Kürze die relevantesten Programmierkonzepte beziehungsweise Werkzeuge zur Entwicklung von Portalinhalten.

Web Dynpro

Web Dynpro steht für die Weiterentwicklung des SAP Dynpro (dynamisches Programm) Ansatzes. Mit der Einführung von JAVA als zweite strategische Programmiersprache neben ABAP entstand das Web Dynpro Konzept. Ab 2006 steht Web Dynpro ebenfalls in der ABAP Umgebung zur Verfügung.

Web Dynpro ist mit dem MVC Ansatz umgesetzt. Dabei findet eine Trennung zwischen dem Datenmodell, der Programmierlogik und der eigentlichen Darstellungsschicht statt. Mit Web Dynpro ist die Entwicklung von betriebssystemunabhängigen Anwendungen möglich, die browserbasiert mit gängigen Webtechnologien entworfen werden.

Die wichtigsten Bestandteile von Web Dynpro im Einzelnen:

- Window: Frontend der Applikation bestehend aus einzelnen Views
- Views: per Drag and Drop zusammengestellte Anzeige von Daten
- View Controller: ein View Controller steuert jeweils zu einer View die angezeigten Daten (enthält Methoden)
- Component Controller: Steuern den Ablauf der Applikation und verbinden View Controller mit Models (enthält Methoden)
- Models: Binden Backendsysteme zum Beispiel via Web Service, RFC oder JDBC an
- Model Context: Dieser enthält den jeweils letzten Datensatz des dazugehörigen aufgerufenen Models
- Context: Jeder Controller besitzt einen Context, der den aktuellen Datensatz speichert.
- Mapping: Das Mapping verbindet die verschiedenen Contexts um Daten zur Laufzeit auszutauschen.

Visual Composer

Die Entwicklung des Visual Composers schließt eine strategische Lücke im SAP Programmierumfeld. Um Kosten zu senken und schneller Prototypen beziehungsweise einfache Geschäftsprozesse umsetzen zu können, wurde dieses in der Tradition des Modell Driven Architecture Tool entwickelt. Dabei steht im Vordergrund die strickte Trennung von Modellierung und Programmierung sowie Funktionalität und Technik. Diese Trennung wird mit dem Visual Composer jedoch nur teilweise erreicht.

Eine Grundlage der Modellierung bilden Web Services, die per Drag and Drop sehr komfortabel auf die Oberfläche des zu generierenden iViews gezogen werden. Fertiggenerierte Ein- und Ausgabemasken für den Web Service können durch Einfaches Abziehen[51] erstellt werden. Eine Vielzahl von Operatoren und Verzweigungen erlaubt es, die erfassten Daten weiterzubearbeiten. Der entscheidende Vorteil ist die Tatsache, dass diese Daten als Input für weitere Web Services dienen können. Somit entsteht die Möglichkeit viele verschiedene Web Services zu orchestrieren.

Der Visual Composer erlaubt die Anbindung von SAP BI Komponenten. Aus den erzeugten Modellen können Adobe Flex Applikationen aber auch Web Dynpro Projekte erzeugt werden. Eingebunden werden diese Programme zumeist als Callable Object im Rahmen einer Guided Procedure.

Guided Procedures

Guided Procedures (GP) wurden entwickelt, um anwenderfreundliche Dialoganwendungen zu entwickeln. Der Anwender weiß zu jeder Zeit über eine Art Timeline, an welcher Stelle er sich im Dialog befindet. Ein generelles Hin- und Herspringen im Dialog ist nicht möglich. Dies würde zu Dateninkonsistenzen führen.

Innerhalb des SAP NetWeaver Portals stellen die GP das zentrale Workflow Werkzeug dar. Ein Workflow besteht aus einzelnen Prozessen, die wiederum einzelne Actions aufrufen. Innerhalb einer Action wird ein Callable Object (CO) gekapselt. CO können Hintergrundoperationen ausführen oder Dialogschritte der Benutzerschnittstelle implementieren[52].

---

[51] Die In- oder Outputschnittstelle des Web Service wird angeklickt und durch Ziehen auf die Zeichenfläche erzeugt der Visual Composer automatisch vordefinierte Masken.

[52] Vgl. J. Rauscher, V. Stiehl 2007, S.225

Die wichtigsten vordefinierten CO Typen im gekürzten Überblick[53]:

- External RFC Service: Anbindung an das SAP R/3 System
- Web Service: Aufruf eines beliebigen Web Service über WSDL
- Web Dynpro: möglich sind ABAP, JAVA Applikation, JAVA Komponente, Visual Composer
- Portal iView: Aufruf eines beliebigen iView
- BSP: Business Server Page
- HTML: für die Anzeige von HTML Seiten
- Form: verschiedenen Formulare
- AIF: Einbindung von Adobe Interactive Formulars
- Decision: Entscheidungsdialog für den User
- Send E-Mail: Benachrichtigung per Mail
- Current State Information: Liste von aktuellen Systeminformationen

Um eine Kommunikation zwischen den einzelnen CO zu ermöglichen, werden In- und Output Parameter definiert. Diese reichen innerhalb des Workflows über ein Parametermapping Daten weiter. Damit diese Art der Übergabe funktioniert, müssen innerhalb der referenzierten Objekte entsprechende Start- beziehungsweise Endpoints definiert sein.

Kritisch ist die Tatsache zu betrachten, dass SAP in der Designtime[54] weitestgehend auf grafisches Drag and Drop verzichtet. Dies erschwert dem Designer die Arbeit. Ein vergleichbares Workflowtool wie der SAP Business Workflow basierte auf grafische Modellierungsmöglichkeiten. Der wesentliche Unterschied zwischen diesen beiden Werkzeugen liegt in der weit flexibleren Anbindung von Drittsystemen, welche bei den GP durch die CO eingebunden werden.

5.6.2. Vor.- und Nachteile vom SAP NetWeaver Portal

Das SAP NetWeaver Portal hat sowohl Vor- und Nachteile. Der Einsatz wird entscheidend von der Businesssituation abhängen, bei der folgende Vorteile zum tragen kommen:

---

[53] Vgl. J. Rauscher, V. Stiehl 2007, S.226-229

[54] Designumgebung für die Erstellung einer Guided Procedure

- Ideal als zentraler Unternehmenseinstieg im Intranet
- Integration von verschiedensten Applikationen und Möglichkeit diese miteinander in Verbindung zu setzen
- Keine Installation auf den einzelnen Rechnern
- Das Corporate Identity der Firma lässt sich auf das SAP NetWeaver Portal übertragen
- Umfangreiche Entwicklungsmöglichkeiten für das Portal
- Standardprozesse sind bereits integriert und können relativ schnell an eigene Bedürfnisse angepasst werden
- Individuelle Lösungen sind voll integrierbar

Folgende Nachteile sind beim Einsatz zu beachten:

- Erhöhte Anforderungen an die technische Infrastruktur, besonders die Lastverteilung muss berücksichtigt werden
- Durch rollenbasierte Sichten können unterschiedliche Contentstrukturen geschaffen werden
- Lizenzkosten fallen beim Portal extra an, sind nicht in der ERP Lösung integriert
- Langsame Bearbeitungsgeschwindigkeit
- Erhöhter Aufwand in der Rollenpflege

5.6.3. Nutzergruppe vom SAP NetWeaver Portal

Nach eigenen Angaben betreut SAP bereits eine Vielzahl von Kunden im Portalbereich. Diese Kunden stammen vorwiegend aus den Branchen Dienstleistung, Fertigung, Handel sowie Versorgung[55]. Im Jahre 2005 existierten 513[56] aktive Kundeninstallationen in Deutschland, Tendenz steigend. Das Fraunhofer Institut unterscheidet Portale nach ihren Nutzergruppen und hat demnach für folgende Gruppen Portalarten definiert: Geschäftskunden, Mitarbeiter, Lieferanten und Endkunden. In der Bewertung des Fraunhofer Institutes ist das SAP NetWeaver Portal für alle 4 Nutzergruppen geeignet[57]. Als Portal Schwerpunkt wird Prozessabbildung und Prozessintegration angegeben.

---

[55] SAP AG Portal 2008

[56] J. Vlachakis, A. Kirchhof, T. Gurzki 2005, S.212

[57] J. Vlachakis, A. Kirchhof, T. Gurzki 2005, S.50

5.6.4. Businessrelevanz vom SAP NetWeaver Portal

Unternehmensportale stellten 2007 den viertgrößten Posten in der Ausgabenliste von IT Abteilungen dar, siehe Tabelle 7. Bis zum Jahr 2011 wird mit einem Umsatzanstieg auf 1,4 Milliarden Euro[58] gerechnet.

Rank	Kategorie
1	BI, Data Warehousing
2	ERP
3	Security
4	**Corporate Portals**
5	Document / Content Management
6	Supply Chain Management
7	Storage
8	CRM
9	Network Management
10	Database

Tabelle 7: IT Ausgaben (Quelle: BEA State of Portal Market 2007 S.5)

Die „großen 5" teilen sich den Markt gemeinsam. Als ausgereiftestes Portal wird das Produkt von IBM betrachtet, siehe Abbildung 13.

[58] BEA State of Portal Market 2007 S.5

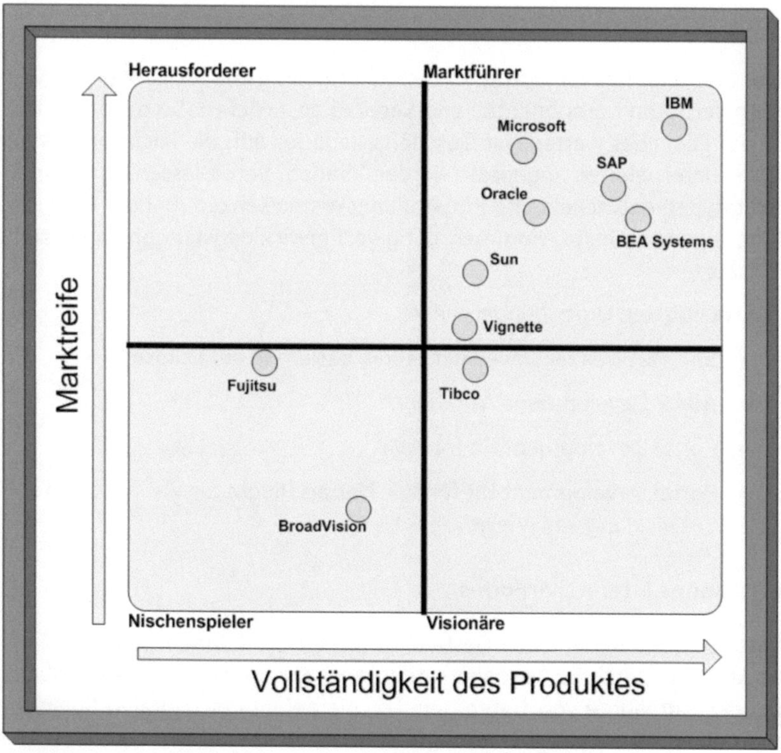

Abbildung 13: Portal Marktsituation (Quelle: Vgl. BEA State of Portal Market 2007 S. 28)

Unternehmensportale stehen in der Gunst vor allem bei größeren Firmen weit oben. Einen einheitlichen, corporate-identity schaffenden Webauftritt zu gestalten, sowohl nach innen als auch nach außen, ist ein vornehmliches Ziel bei der Einführung eines Portals. Angenommen wird es von den Mitarbeitern beziehungsweise anderen Zielgruppen allerdings nur, wenn diese einen Mehrwert aus der Benutzung des Portals generieren können. Dies wird vornehmlich mit der Integration von Geschäftsprozessen erreicht. Merkmale wie Collaboration[59], Business Intelligence und Knowledge Management sind ebenfalls wichtige Funktionen, die ein Unternehmensportal abdecken muss.

59 Kollektive Zusammenarbeit über örtliche und zeitliche Grenzen hinaus.

5.6.5. IT Relevanz vom SAP NetWeaver Portal

Das SAP NetWeaver Portal wird standardmäßig mit einer Vielzahl von vorgefertigten Komponenten und Services ausgeliefert. So genannte Business Packages warten mit Geschäftsszenarios auf, die leicht an das eigene Unternehmen angepasst werden können. Somit lassen sich schnell Prototypen entwickeln und Entwicklungskosten senken. Bei der Entwicklung eigener Inhalte, kommen gängige Entwicklungsumgebungen zum Einsatz.

Die wichtigsten Umgebungen sind:

- SAP NetWeaver Developer Studio basierend auf Eclipse
- ABAP Development Workbench
- Portal Development Kit for Java
- Portal Development Kit for MS .Net als PlugIn für Visual Studio zur Entwicklung von iViews

5.7. Adobe Interactive Forms

Eine spezielle Art der GUI Gestaltung stellen die Adobe Interactive Formulars dar. Durch ihr besonders printnahes Design werden sie vor allem bei der Aufnahme von Daten benutzt, die neben der digitalen Speicherung ebenfalls als ausgedrucktes Papierdokument gelagert werden müssen.

5.7.1. Technik von Adobe Interactive Forms

Der technologische Hintergrund liegt in der Verknüpfung des pdf- Dokumentes mit xml- Dateien. Diese xml- Dateien enthalten sowohl Informationen über das angeschlossenen Backend System aber auch Daten für vorgefüllte Eingabefelder oder DropDown Menüs. Ein Backend System wird üblicher Weise in Form eines Web Service angebunden. Dabei findet ein Mapping der Datenfelder des Adobe Interactive Formulars mit denen in der WSDL- Datei enthaltenen Informationen über Datenelemente statt.

5.7.2. Vor.- und Nachteile von Adobe Interactive Forms

Bei den Vorteilen der AIF sind vor allem folgende Punkte zu nennen:

- Bildschirmformular ist identisch mit der Druckversion
- On- und Offlinebearbeitung möglich

- Weit verbreitet als Standard für digitale Formulare
- Geringe technische Anforderungen
- Sehr schnell an neue Anforderungen anpassbar

Zu den wesentlichen Nachteilen gehören:

- Design ist für den Anwender statisch und nicht änderbar
- Benutzerentscheidungen sind nur schwer sinnvoll integrierbar, da sich der Inhalt nicht dynamisch anpasst

5.7.3. Nutzergruppe von Adobe Interactive Forms

Häufig kommen die AIF in Behörden oder der Rechnungsabteilung eines Unternehmens zum Einsatz. Ein weiterer Punkt für die Verwendung der AIFs ist die Tatsache, dass ein Nutzer eher zum Ausfüllen einer Dialoganwendung bereit ist, wenn er auf ein ihm vertrautes Design trifft.

Der Hauptnutzerkreis ist demnach in dem klassischen Dokumenten- oder Aktenbearbeiter zu finden. Dies trifft vor allem auf Sachbearbeiter oder Vertriebspersonal zu.

5.7.4. Businessrelevanz von Adobe Interactive Forms

Ein großer Vorteil für die Verwendung von AIF ist die Tatsache, dass sich die Verbreitung des Adobe Readers als de facto Standard für Formulare auf nahezu allen Computern vollzogen hat. Die Vorraussetzungen für dieses User Interface sind demnach schon auf den meisten Rechner vorhanden. Dies senkt die Kosten erheblich.

5.7.5. IT Relevanz von Adobe Interactive Forms

Als Callable Object kann ein Adobe Interactive Formular in eine Guided Procedure des SAP NetWeaver Portals eingebaut werden. Das Formular kann aber auch völlig unabhängig als herkömmliches pdf - Dokument verwendet werden. Hierbei bleiben alle üblichen Funktionen, wie das Speichern, Löschen oder Ändern der Datenfelder erhalten.

Das Dokument kann sowohl online ausgefüllt werden oder offline. Der Datenabgleich mit dem zugrunde liegenden SAP System erfolgt zu einem späteren online - Zeitpunkt.

6. User Interface Vergleich

Nach der ausführlichen Beschreibung der gängigsten SAP User Interfaces und ihre zugrunde liegenden Technologien wird in diesem Kapitel geklärt, für welche Zielgruppen beziehungsweise für welche Userrolle, welches SAP User Interface am geeignetsten ist. Zur Beantwortung dieser Frage werden die einzelnen SAP User Interfaces anhand von ausgewählten Kriterien der jeweiligen Zielgruppe (User, Business und IT) bewertet. Anschließend erfolgt die Ausarbeitung einer SAP User Interface Strategie für jede der einzelnen 4 Userrollen.

6.1. Eignung der SAP User Interfaces für die einzelnen Zielgruppen

Die Zielgruppe der User eines SAP User Interfaces stellt selbstverständlich die wesentlichste Zielgruppe dar. Entscheidend für das SAP User Interface ist letztendlich die Akzeptanz, die es bei den ausführenden Nutzern findet. Dennoch führen andere Beweggründe wie Businessentscheidungen oder IT Voraussetzungen zu einer anderen Wahl des SAP User Interfaces. Diese beiden Zielgruppen sind Gegenstand der nächsten Kapitel.

6.1.1. Zielgruppe User

Die Kriterien für die Beurteilung der SAP User Interfaces für die Zielgruppe der User sind dieselben Kriterien, die bereits bei der Beurteilung der einzelnen SAP Rollen berücksichtigt worden sind, siehe Kapitel 2.3. Dies ist notwendig um eine Vergleichbarkeit der Anforderungen mit den tatsächlichen Eigenschaften des SAP User Interface zu ermöglichen.

	Häufigkeit der Nutzung	*Art der Nutzung*			*Dauer der Einloggzeit*	*Ortsgebundenheit*			*Tiefe der Nutzung*
		Administration	Entwickler	Anwender		Lokal am festen Arbeitsplatz	lokal am wechselnder Arbeitsplatz	remote Zugriff	
Klassisches SAP GUI	10	10	10	6	10	10	6	1	10
SAP Web GUI	7	1	2	4	2	10	10	7	6
NWBC	10	1	4	8	10	10	8	8	6
Duet	10	1	1	10	2	10	8	6	2
Portal	10	8	8	8	6	10	10	7	10
AIF	10	1	1	10	2	10	10	8	2

Tabelle 8: SAP User Interfacevergleich nach Kriterien der Zielgruppe User

Anhand der Bewertung aus Tabelle 8 wird ein Vergleich mit den Anforderungen der einzelnen Rolle an ein SAP User Interface vollzogen. Dies erfolgt indem die Differenz ($Diff_K$) aus dem Kriterium des SAP User Interfaces (K_{SAPUI}) mit dem Kriterium der Anforderungen der Rolle (K_R) gebildet wird.

$$Diff_K = K_{SAPUI} - K_R$$

Des Weiteren wird die Summe aller Differenzen ($\sum Diff_{K_j}$) gebildet. Hierbei muss die hinreichende Bedingung (H_0) erfüllt sein.

$$H_0 < 0$$

Dies bedeutet, dass für die Ermittlung der Summe ($\sum Diff_{K_j}$) nur Werte kleiner 0 hinzugerechnet werden. Der Hintergrund hierfür ist die Tatsache, dass positive Differenzen ($Diff_K$) keinen Einfluss auf die Beurteilung haben, da bereits der Wert 0 für $Diff_K$ eine Übereinstimmung des Kriteriums des SAP User Interfaces (K_{SAPUI}) mit dem Kriterium der Anforderungen der Rolle (K_R) von 100% bedeutet. Ein noch höherer Wert ist nur rechnerisch möglich. Positive Differenzen würden damit vorhandene Unzulänglichkeiten eines SAP User Interfaces für diese Rolle in Form von negativen Differenzen wieder wettmachen und das Ergebnis dramatisch verfälschen.

Abschließend werden die so ermittelten Summen ($\sum Diff_{K_j}$) mit der Bedingung (B_1) verglichen.

$$B_1 = -9$$

Je nach Wahl der Bedingung (B_1) wird die Grenze für eine Eignung des SAP User Interfaces für die jeweilige Rolle beeinflusst.

Ist die Summe ($\sum Diff_{K_j}$) größer als die Bedingung (B_1), dann wird dieses SAP User Interface als geeignet für diese Rolle eingestuft.

Folgende abschließenden Bewertungen wurden ermittelt (die vollständigen Berechnungen sind im Anhang zu finden):

Rolle	Klassisches SAP GUI	SAP Web GUI	NWBC	Duet	Portal	AIF
Administrator	geeignet	ungeeignet	ungeeignet	ungeeignet	geeignet	ungeeignet
Berater	ungeeignet	ungeeignet	geeignet	ungeeignet	geeignet	ungeeignet
Sachbearbeiter	geeignet	ungeeignet	geeignet	geeignet	geeignet	geeignet
Manager	ungeeignet	ungeeignet	geeignet	ungeeignet	geeignet	geeignet
Teamleiter	ungeeignet	ungeeignet	geeignet	ungeeignet	geeignet	ungeeignet
Projektmitglied	ungeeignet	ungeeignet	geeignet	ungeeignet	geeignet	ungeeignet
Externer	ungeeignet	ungeeignet	geeignet	ungeeignet	geeignet	ungeeignet
Back Office	geeignet	ungeeignet	geeignet	geeignet	geeignet	geeignet
Vertrieb	ungeeignet	ungeeignet	geeignet	geeignet	geeignet	geeignet
Kundensupport	geeignet	ungeeignet	geeignet	ungeeignet	geeignet	ungeeignet
Programmierer	geeignet	ungeeignet	ungeeignet	ungeeignet	geeignet	ungeeignet
Designer	geeignet	ungeeignet	ungeeignet	ungeeignet	geeignet	ungeeignet

Tabelle 9: Bewertung der SAP User Interfaces für die Zielgruppe User

6.1.2. Zielgruppe Business

Die Kriterien für die Bewertung der SAP User Interfaces sind im Kapitel 2.4 zu finden. Das Ergebnis der Bewertung für die Zielgruppe Business fällt folgendermaßen aus:

	Klassisches SAP GUI	SAP Web GUI	NWBC	Duet	Portal	AIF
Agilität	3	1	7	2	8	8
Offenheit	2	2	10	3	10	8
Schulungsaufwand Anwender	2	2	7	8	6	10
Lizenzkosten	10	6	10	2	5	2
Wiederverwendung	2	1	10	3	10	1
Zukunftsfähigkeit	1	1	8	6	10	10
Corporate Identity	1	1	8	4	8	5
Kollaboration	1	1	4	2	10	1
Summe	22	15	64	30	67	45

Tabelle 10: Bewertung der SAP User Interfaces für die Zielgruppe Business

Aus Sicht des Business schneiden die SAP User Interfaces NWBC und das SAP NetWeaver Portal deutlich am besten ab. Das klassische SAP GUI muss insbesondere in den Punkten Agilität, Corporate Identity und Kollaboration aufgrund technischer Limitierungen große Abstriche machen. Das SAP Web GUI unterstreicht bei dieser Bewertung seine geringe Akzeptanz und Verbreitung innerhalb der SAP User Interface – Landschaft. Die Schwächen bei der Offenheit und Verzögerungen bei der Entwicklung von Duet sind Gründe für das verhältnismäßig schlechte Abschneiden. Die Adobe Interactive Forms können auch bei der Zielgruppe Business gut mithalten.

6.1.3. Zielgruppe IT

Die Kriterien für die Bewertung der SAP User Interfaces sind im Kapitel 2.5 zu finden. Das Ergebnis der Bewertung für die Zielgruppe IT fällt folgendermaßen aus:

IT	Klassisches SAP GUI	SAP Web GUI	NWBC	Duet	Portal	AIF
Infrastrukturanforderung	4	2	8	1	4	10
Skaliebarkeit	6	3	5	2	5	10
Portierbarkeit	2	2	5	3	5	10
Backup Fähigkeit	6	5	7	5	5	10
Schulungsaufwand Entwickler	1	1	4	3	4	7
lokale Installation	1	10	10	1	10	10
technische Tiefe	20	2	6	1	16	1
Summe	40	25	45	16	49	58

Tabelle 11: Bewertung der SAP User Interfaces für die Zielgruppe IT

Klarer Spitzenreiter bei den SAP User Interfaces in der Zielgruppe IT sind die Adobe Interactive Forms. Dies ist vor allem auf die geringen technischen Anforderungen zurückzuführen. Technisch betrachtet ergeben sich für den Betrieb von AIF's kaum Herausforderungen. Vorausgesetzt es liegt eine SAP NetWeaver Umgebung zu Grunde, da AIF's besonders stark auf Web Services aufsetzen.

Des Weiteren erzielen der NWBC und das SAP NetWeaver Portal gute Ergebnisse. Die hohen technischen Vorrausetzungen und das Benötigen einer lokalen Installation schlagen das klassische SAP GUI nach hinten ab.

Doch Dank seiner nach wie vor hohen technischen Tiefe in Bezug auf Administration, Entwicklung und Überwachung bewahrt es einen wichtigen Platz in der SAP IT Umgebung. Duet stellt aufgrund seiner komplizierten Infrastruktur die IT vor immense technische Herausforderungen. Dies führt zur schlechtesten Bewertung aller SAP User Interfaces.

6.2. SAP User Interface Strategien

Grundlegende SAP User Interface Strategien im Kontext der neuen SAP NetWeaver Technologie werden auf Basis der 4 Userarten aus dem Kapitel 3.4 erarbeitet.

Diese Userarten lauten:

- User 1 - Der Poweruser
- User 2 – Der Infouser
- User 3 – Der Businessuser
- User 4 – Der technical User

Betrachtet werden zunächst die prozentualen Ausprägungen der User in den einzelnen Rollen.

Rolle	*Poweruser*	*Infouser*	*Businessuser*	*technical User*
Administratoren	30%	0%	0%	100%
Berater	100%	60%	50%	50%
Sachbearbeiter	40%	20%	100%	0%
Manager	50%	100%	20%	0%
Teamleiter	60%	100%	20%	30%
Projektmitglied	50%	50%	50%	50%
Externer	0%	20%	60%	0%
Back Office	40%	0%	80%	0%
Vertrieb	50%	70%	100%	10%
Kundensupport	50%	20%	50%	70%
Programmierer	50%	0%	0%	100%
Designer	50%	0%	0%	100%

Tabelle 12: Ausprägung der User in den einzelnen Rollen

Es wird angenommen, dass die Nutzung eines bestimmten SAP User Interface nötig wird, wenn mindestens 50% Übereinstimmung mit einer Rolle und den damit verbundenen SAP UI's[60] gegeben ist. Dies führt zu folgendem Ergebnis:

	Klassisches SAP GUI	SAP Web GUI	NWBC	Duet	Portal	AIF
Poweruser	ja	nein	ja	ja	ja	ja
Infouser	nein	nein	ja	ja	ja	ja
Businessuser	ja	nein	ja	ja	ja	ja
technical User	ja	nein	ja	nein	ja	nein

Tabelle 13: Notwendige SAP UI's nach Userarten

Würde nur der Willen der User berücksichtigt werden, so bedarf es fast in jeder Userart an allen SAP User Interfaces. Dies ist aus der Sicht der anderen beiden Zielgruppen Business und IT nicht von Interesse. Es wird demnach eine eigenständige Strategie für jeden User mit Abwägungen von Pro und Kontra -Argumenten aller 3 Zielgruppen benötigt.

6.2.1. SAP User Interface Strategie für den Poweruser

Laut Definition des Powerusers hat dieser erweiterte SAP Kompetenzen und benötigt somit SAP User Interfaces, die über eine bloße Anwendersicht hinausgehen können. Er benötigt SAP UI's mit denen er sowohl seine Haupttätigkeiten als Berater nachkommen kann, als auch SAP UI's, die für das gelegentliche Erstellen von kleineren technischen Projekten geeignet sind.

Aus Sicht der Zielgruppe User kommen 5 SAP User Interfaces in Frage.

- Klassisches SAP GUI
- NWBC
- Duet
- SAP NetWeaver Portal
- AIF

---

60 Zu entnehmen aus dem Kapitel 6.1.1

Es wird nun jedes dieser SAP UI's aus Sicht der anderen beiden Zielgruppen überprüft ob der Einsatz für den jeweiligen User sinnvoll ist.

Zielgruppe Business:

<table>
<tr><td colspan="2">Zielgruppe: Business
SAP User Interface: Klassisches SAP GUI</td></tr>
<tr><td colspan="2">Entscheidung</td></tr>
<tr><td>Ja</td><td>Nein</td></tr>
<tr><td>-</td><td>• Geringe Corporate Identity und Kollaborations Möglichkeiten
• Hoher Schulungsaufwand
• Geringe Zukunftsaussichten</td></tr>
<tr><td colspan="2">Die Zielgruppe Business entscheidet sich gegen den Einsatz des klassischen SAP GUI für den Poweruser.</td></tr>
</table>

<table>
<tr><td colspan="2">Zielgruppe: Business
SAP User Interface: NWBC</td></tr>
<tr><td colspan="2">Entscheidung</td></tr>
<tr><td>Ja</td><td>Nein</td></tr>
<tr><td>• Hohe Corporate Identity und Kollaborations Möglichkeiten
• Geringer Schulungsaufwand
• Niedrige zu erwartende Lizenzkosten
• Hohe Zukunftsaussichten</td><td>-</td></tr>
<tr><td colspan="2">Die Zielgruppe Business entscheidet sich für den Einsatz des NWBC für den Poweruser.</td></tr>
</table>

Zielgruppe: Business SAP User Interface: Duet	
Entscheidung	
Ja	Nein
• Schnelle Bereitstellung von Informationen aus dem SAP System	-
Die Zielgruppe Business entscheidet sich für den Einsatz von Duet für den Poweruser.	

Zielgruppe: Business SAP User Interface: SAP NetWeaver Portal	
Entscheidung	
Ja	Nein
• Hohe Corporate Identity Möglichkeiten • Geringer Schulungsaufwand • Besonders der Poweruser muss gut kollaborieren können mit anderen Businessteilnehmern • Hohe Zukunftsaussichten	-
Die Zielgruppe Business entscheidet sich für den Einsatz des SAP NetWeaver Portals für den Poweruser.	

Zielgruppe: Business SAP User Interface: AIF	
Entscheidung	
Ja	Nein
-	• Die erhöhten Lizenzkosten stehen in keinem Verhältnis mit dem Nutzen, den AIF's für den Poweruser haben könnten
Die Zielgruppe Business entscheidet sich gegen den Einsatz der AIF's für den Poweruser.	

Zielgruppe IT:

<table>
<tr><td colspan="2">Zielgruppe: IT
SAP User Interface: Klassisches SAP GUI</td></tr>
<tr><td colspan="2">Entscheidung</td></tr>
<tr><td>Ja</td><td>Nein</td></tr>
<tr><td><ul><li>Für die Aufgaben als Tester und Entwickler für kleine SAP Projekte ist ein erweiterter Zugriff auf die SAP Systemlandschaft unabdingbar</li></ul></td><td>-</td></tr>
<tr><td colspan="2">Die Zielgruppe IT entscheidet sich für den Einsatz des klassischen SAP GUI für den Poweruser.</td></tr>
</table>

<table>
<tr><td colspan="2">Zielgruppe: IT
SAP User Interface: NWBC</td></tr>
<tr><td colspan="2">Entscheidung</td></tr>
<tr><td>Ja</td><td>Nein</td></tr>
<tr><td><ul><li>Hohe Widerwendungsmöglichkeiten bereits vorhandener SAP Lösungen</li><li>Keine lokale Installation notwendig, da der Poweruser besonders oft wechselnde Arbeitsplätze hat, ist dies ein großer Vorteil</li></ul></td><td>-</td></tr>
<tr><td colspan="2">Die Zielgruppe IT entscheidet sich für den Einsatz des NWBC für den Poweruser.</td></tr>
</table>

Zielgruppe: IT SAP User Interface: Duet	
Entscheidung	
Ja	Nein
-	• Die besonders hohen Infrastrukturanforderungen stehen in keinem Verhältnis mit den zu erwartenden Mehrwert, Informationen kann der Poweruser über andere SAP UI's beziehen
Die Zielgruppe IT entscheidet sich gegen den Einsatz von Duet für den Poweruser.	

Zielgruppe: IT SAP User Interface: SAP NetWeaver Portal	
Entscheidung	
Ja	Nein
• Entwicklungsmöglichkeiten stehen dem Poweruser zur Verfügung (Guided Procedures für Workflowgestaltung) • Hohe Widerwendungsmöglichkeiten bereits vorhandener SAP Lösungen • Keine lokale Installation notwendig, da der Poweruser besonders oft wechselnde Arbeitsplätze hat, ist dies ein großer Vorteil	-
Die Zielgruppe IT entscheidet sich für den Einsatz des SAP NetWeaver Portals für den Poweruser.	

Zielgruppe: IT SAP User Interface: AIF	
Entscheidung	
Ja	Nein
• Geringer Infrastrukturaufwand • Geringer Schulungsaufwand	-
Die Zielgruppe IT entscheidet sich für den Einsatz der AIF's für den Poweruser.	

Zusammenfassend ergibt sich folgendes Bild:

Poweruser	User	Business	IT	strategische Entscheidung
Klassisches SAP GUI	ja	nein	ja	ja
SAP Web GUI	nein	nein	nein	nein
NWBC	ja	ja	ja	ja
Duet	ja	ja	nein	nein
Portal	ja	ja	ja	ja
AIF	ja	nein	ja	nein

Tabelle 14: Poweruser SAP User Interface Strategie

Einigkeit besteht bei den SAP User Interface Arten SAP Web GUI, NWBC und dem SAP NetWeaver Portal. Hier bedarf es keiner weiteren Untersuchung. Bei folgenden SAP UI's gibt es verschiedene Ausprägungen: klassische SAP GUI, Duet und AIF.

Begründung der strategischen Entscheidungen

Klassisches SAP GUI:

Der Poweruser muss in der Lage sein eigenständig administrative und entwicklerische Aufgaben zu übernehmen. Dafür ist dieses SAP UI geeignet. Zudem stellte das klassische SAP GUI in der Vergangenheit das Gros der SAP Frontends dar und es kann davon ausgegangen werden, dass Poweruser mit dem Umgang dieses SAP UI's geschult sind.

Duet:

Duet ist zurzeit keine Alternative auf dem SAP UI Markt. Die zu langsame Entwicklungszeit und das Fehlen von Customizing – Möglichkeiten sind die Kriterien, die die Zielgruppe IT in diesem Fall überwiegen lassen. Der Poweruser benötigt weniger vorgefertigte Standardreports aus dem SAP System, er benötigt vielmehr eigenständig angepasste Reports die Duet zurzeit nicht liefern kann.

AIF:

Aus Sicht der Zielgruppe IT stellen die AIF's keine Probleme dar. Die Zielgruppe Business führt vor allem die hohen zusätzlichen Lizenzkosten als Aspekt an, sich gegen die AIF's zu entscheiden. Der Poweruser hat wenig Bedarf an vorgefertigten Formularen. Dies benötigen vor allem Sachbearbeiter und Vertriebspersonal.

6.2.2. SAP User Interface Strategie für den Infouser

Laut Definition des Infousers ist dieser vor allem mit der Beschaffung und Auswertung von Informationen zu Gange. Diese vielfältigen Informationen über allgemeine wirtschaftliche Kennzahlen, Personaldaten oder Daten über externe Faktoren sollen den Infouser in die Lage versetzen Entscheidungen zu treffen. Diese Entscheidungen beeinflussen auf direkte Art und Weise das operative und strategische Geschäft des Unternehmens. Er benötigt dafür SAP UI's, die besonders gute Reportfähigkeiten besitzen. Er benötigt keine SAP UI's, welche vorwiegend für administrative Zwecke vorgesehen sind.

Aus Sicht der Zielgruppe User kommen 4 SAP User Interfaces in Frage.

- NWBC
- Duet
- SAP NetWeaver Portal
- AIF

Es wird nun jedes dieser SAP UI's aus Sicht der anderen beiden Zielgruppen überprüft ob der Einsatz für den jeweiligen User sinnvoll ist.

Zielgruppe Business:

Zielgruppe: Business SAP User Interface: NWBC	
Entscheidung	
Ja	Nein
• Leicht zu integrierende Standardreports • Geringer Schulungsaufwand • Niedrige zu erwartende Lizenzkosten • Hohe Zukunftsaussichten	-
Die Zielgruppe Business entscheidet sich für den Einsatz des NWBC für den Infouser.	

Zielgruppe: Business SAP User Interface: Duet	
Entscheidung	
Ja	Nein
• Schnelle Bereitstellung von Informationen aus dem SAP System	-
Die Zielgruppe Business entscheidet sich für den Einsatz von Duet für den Infouser.	

Zielgruppe: Business SAP User Interface: SAP NetWeaver Portal	
Entscheidung	
Ja	Nein
• Bisher unterschiedliche Quellen von Informationen lassen sich im Portal in einem Frontend zusammenfassen • Hohe Corporate Identity Möglichkeiten • Geringer Schulungsaufwand	-
Die Zielgruppe Business entscheidet sich für den Einsatz des SAP NetWeaver Portals für den Infouser.	

Zielgruppe: Business SAP User Interface: AIF	
Entscheidung	
Ja	Nein
• Für rasche Entscheidungen auf Formularebene hervorragend geeignet	-
Die Zielgruppe Business entscheidet sich für den Einsatz der AIF's für den Infouser.	

Zielgruppe IT:

Zielgruppe: IT SAP User Interface: NWBC	
Entscheidung	
Ja	Nein
• Keine lokale Installation notwendig, vorteilhaft für den mobilen Einsatz • Hohe Widerwendungsmöglichkeiten bereits vorhandener SAP Lösungen	-
Die Zielgruppe IT entscheidet sich für den Einsatz des NWBC für den Infouser.	

Zielgruppe: IT SAP User Interface: Duet	
Entscheidung	
Ja	Nein
-	• Die besonders hohen Infrastrukturanforderungen stellen die IT vor große Probleme
Die Zielgruppe IT entscheidet sich gegen den Einsatz von Duet für den Infouser.	

Zielgruppe: IT

SAP User Interface: SAP NetWeaver Portal

Entscheidung	
Ja	Nein
• Die IT kann Verwaltungsaufwand der verschiedenen Reporttools des Infousers einsparen und diese alle im Portal zusammenfassen • Hohe Widerwendungsmöglichkeiten bereits vorhandener SAP Lösungen	-

Die Zielgruppe IT entscheidet sich für den Einsatz des SAP NetWeaver Portals für den Infouser.

Zielgruppe: IT

SAP User Interface: AIF

Entscheidung	
Ja	Nein
• Geringer Infrastrukturaufwand • Geringer Schulungsaufwand	-

Die Zielgruppe IT entscheidet sich für den Einsatz der AIF's für den Infouser.

Zusammenfassend ergibt sich folgendes Bild:

Infouser	User	Business	IT	strategische Entscheidung
Klassisches SAP GUI	nein	nein	nein	nein
SAP Web GUI	nein	nein	nein	nein
NWBC	ja	ja	ja	ja
Duet	ja	ja	nein	ja
Portal	ja	ja	ja	ja
AIF	ja	ja	ja	ja

Tabelle 15: Infouser SAP User Interface Strategie

Einigkeit besteht bei den SAP User Interface Arten klassisches SAP GUI, SAP Web GUI, AIF, NWBC und dem SAP NetWeaver Portal. Hier bedarf es keiner weiteren Untersuchung. Bei folgendem SAP UI gibt es verschiedene Ansichten: Duet.

Begründung der strategischen Entscheidungen

Duet:

Duet kann derzeit nicht an individuelle Reportmöglichkeiten angepasst werden. Die mitgelieferten Standardreports, die über Email versandt werden, sind dennoch für den Infouser eine Alternative zur direkten Einwahl in ein anderes SAP User Interface. Die Zielgruppe Business sieht hier den wachsenden Bedarf an automatisch generierten Informationen über alltägliche wirtschaftliche Belange.

6.2.3. SAP User Interface Strategie für den Businessuser

Diese Usergruppe stellt in vielen Unternehmen die größte Schicht von SAP Anwendern dar. SAP User Interfaces müssen hier vor allem in der Lage sein, effektiv und zeitnah angebotene Inhalte für eine breite Masse an Nutzern bereitzustellen. Der Businessuser ist vor allem als Bearbeiter von immer wiederkehrenden Standardaufgaben zuständig. Dabei muss er stets darauf achten, dass seine Arbeit effizient und reproduzierbar ist. Häufig müssen getätigte Vorgänge in Form von Akten oder Formularen auffindbar sein. Dafür benötigt er vor allem SAP User Interfaces, die komplexe Workflow – Vorgänge im Unternehmen unterstützen und formularbasierte Umsetzungen erlauben.

Aus Sicht der Zielgruppe User kommen 4 SAP User Interfaces in Frage.

- NWBC
- Duet
- SAP NetWeaver Portal
- AIF

Es wird nun jedes dieser SAP UI's aus Sicht der anderen beiden Zielgruppen überprüft ob der Einsatz für den jeweiligen User sinnvoll ist.

Zielgruppe Business:

Zielgruppe: Business

SAP User Interface: Klassisches SAP GUI

Entscheidung

Ja	Nein
-	• Standardaufgaben lassen sich mit anderen SAP UI's besser umsetzen • Geringe Corporate Identity und Kollaborations Möglichkeiten • Hoher Schulungsaufwand • Geringe Zukunftsaussichten

Die Zielgruppe Business entscheidet sich gegen den Einsatz des klassischen SAP GUI für den Businessuser.

Zielgruppe: Business

SAP User Interface: NWBC

Entscheidung

Ja	Nein
• Der massenhafte Einsatz ist durch niedrige zu erwartende Lizenzkosten und geringen Schulungsaufwand gut möglich • Hohe Corporate Identity und Kollaborations Möglichkeiten • Hohe Zukunftsaussichten	-

Die Zielgruppe Business entscheidet sich für den Einsatz des NWBC für den Businessuser.

Zielgruppe: Business SAP User Interface: Duet	
Entscheidung	
Ja	Nein
-	• Hohe zusätzliche Lizenzkosten und eher niedrige Bedarf an Standardreports
Die Zielgruppe Business entscheidet sich gegen den Einsatz von Duet für den Businessuser.	

Zielgruppe: Business SAP User Interface: SAP NetWeaver Portal	
Entscheidung	
Ja	Nein
• Hohe Corporate Identity Möglichkeiten für ein Großteil der Belegschaft • Der massenhafte Einsatz ist durch niedrige zu erwartende Lizenzkosten und geringen Schulungsaufwand gut möglich • Hohe Zukunftsaussichten	-
Die Zielgruppe Business entscheidet sich für den Einsatz des SAP NetWeaver Portals für den Businessuser.	

Zielgruppe: Business SAP User Interface: AIF	
Entscheidung	
Ja	Nein
• Die Abdeckung einer der Hauptaufgaben des Businessuser (Formularbearbeitung) kann am effektivsten mit den AIF's durchgeführt werden • Gute Vorrausetzungen für rechtliche Speicherung von Akten oder Formularen	-
Die Zielgruppe Business entscheidet sich für den Einsatz der AIF's für den Businessuser.	

Zielgruppe IT:

Zielgruppe: IT SAP User Interface: Klassisches SAP GUI	
Entscheidung	
Ja	Nein
-	• Die IT befürchtet hier eine unkontrollierbare Flut von eigenmächtiger Administration im SAP System und damit einen erhöhten Sicherheitsaufwand
Die Zielgruppe IT entscheidet sich gegen den Einsatz des klassischen SAP GUI für den Businessuser.	

Zielgruppe: IT SAP User Interface: NWBC	
Entscheidung	
Ja	Nein
• Hohe Widerwendungsmöglichkeiten bereits vorhandener SAP Lösungen • Geforderte hierarchische Prozesse können gut im NWBC technisch umgesetzt werden	-
Die Zielgruppe IT entscheidet sich für den Einsatz des NWBC für den Businessuser.	

Zielgruppe: IT SAP User Interface: Duet	
Entscheidung	
Ja	Nein
-	• Duet ist für den massenhaften Einsatz noch nicht ausreichend entwickelt, die Infrastrukturanforderungen würden damit enorm steigen
Die Zielgruppe IT entscheidet sich gegen den Einsatz von Duet für den Businessuser.	

Zielgruppe: IT SAP User Interface: SAP NetWeaver Portal	
Entscheidung	
Ja	Nein
• Schnelle Entwicklung von zusätzlichen Inhalten • Schnelles massenhaftes Ausrollen von neuen Inhalten da keine lokale Installation nötig • Hohe Widerwendungsmöglichkeiten bereits vorhandener SAP Lösungen	-
Die Zielgruppe IT entscheidet sich für den Einsatz des SAP NetWeaver Portals für den Businessuser.	

Zielgruppe: IT SAP User Interface: AIF	
Entscheidung	
Ja	Nein
• Änderungen in Formularen können besonders rasch umgesetzt werden, dies ist zum Beispiel bei rechtlichen Rahmenbedingungen nötig • Geringer Infrastrukturaufwand • Geringer Schulungsaufwand	-
Die Zielgruppe IT entscheidet sich für den Einsatz der AIF's für den Businessuser.	

Zusammenfassend ergibt sich folgendes Bild:

Businessuser	User	Business	IT	strategische Entscheidung
Klassisches SAP GUI	ja	nein	nein	nein
SAP Web GUI	nein	nein	nein	nein
NWBC	ja	ja	ja	ja
Duet	ja	nein	nein	nein
Portal	ja	ja	ja	ja
AIF	ja	ja	ja	ja

Tabelle 16: Businessuser SAP User Interface Strategie

Einigkeit besteht bei den SAP User Interface Arten SAP Web GUI, NWBC, AIF und dem SAP NetWeaver Portal. Hier bedarf es keiner weiteren Untersuchung. Bei folgenden SAP UI's gibt es verschiedene Ausprägungen: klassische SAP GUI und Duet.

Begründung der strategischen Entscheidungen

Klassisches SAP GUI:

Der Businessuser hat in der Vergangenheit vorwiegend mit dem klassischen SAP GUI gearbeitet. Probleme dabei gab es insbesondere in der unübersichtlichen Fülle von SAP Funktionen innerhalb einzelner Transaktionen. Dies bedeutete einen erhöhten Schulungsaufwand und ein höheres Fehlerpotential. Abgelöst soll das klassische SAP GUI vom SAP NetWeaver Portal und dem NWBC. In beiden Fällen sind standardisierte Vorgänge effektiver und schneller umsetzbar. Dennoch wird der Übergang weg vom klassischen SAP GUI schrittweise erfolgen, da aufgebautes Know How der Mitarbeiter nicht als wertlos betrachtet werden darf.

Duet:

Duet kann dem klassischen Businessuser ohne eigene Entscheidungsgewalt nur wenige Informationen liefern, die für ihn relevant sind. Einzig die personalintensiven Vorgänge wie Urlaubsplanung oder Employee Self Service machen einen Einsatz von Duet sinnvoll. Diese Aspekte werden vom SAP NetWeaver Portal ebenfalls ausreichend abgedeckt.

6.2.4. SAP User Interface Strategie für den technical User

Der technical User ist der am stärksten vor definierte Nutzer. Er betreibt und entwickelt SAP Systeme. Für ihn steht das wirtschaftliche Ziel des Unternehmens erst an zweiter Stelle. In erster Linie ist er stets bemüht die technische SAP Infrastruktur zu optimieren und Entwicklungswünsche der anderen 3 Userarten umzusetzen. Dafür benötigt er SAP User Interfaces, die eine hohe technische Tiefe aufweisen. Alle Administrationstools und Entwicklungsumgebungen müssen ihm zur Verfügung stehen.

Aus Sicht der Zielgruppe User kommen 3 SAP User Interfaces in Frage.

- Klassisches SAP GUI
- NWBC
- SAP NetWeaver Portal

Es wird nun jedes dieser SAP UI's aus Sicht der anderen beiden Zielgruppen überprüft ob der Einsatz für den jeweiligen User sinnvoll ist.

Zielgruppe Business:

Zielgruppe: Business SAP User Interface: Klassisches SAP GUI	
Entscheidung	
Ja	Nein
• Keine neu anfallenden Lizenzkosten	-
Die Zielgruppe Business entscheidet sich für den Einsatz des klassischen SAP GUI für den technical User.	

Zielgruppe: Business SAP User Interface: NWBC	
Entscheidung	
Ja	Nein
-	• Keine Notwendigkeit im Aufgabengebiet des technical User
Die Zielgruppe Business entscheidet sich gegen den Einsatz des NWBC für den technical User.	

Zielgruppe: Business SAP User Interface: SAP NetWeaver Portal	
Entscheidung	
Ja	Nein
• Rasche Verfügbarkeit neu entwickelter Komponenten und damit schneller ROI • Hohe Corporate Identity Möglichkeiten • Geringer Schulungsaufwand • Hohe Zukunftsaussichten	-
Die Zielgruppe Business entscheidet sich für den Einsatz des SAP NetWeaver Portals für den technical User.	

Zielgruppe IT:

Zielgruppe: IT SAP User Interface: Klassisches SAP GUI	
Entscheidung	
Ja	Nein
• Für die Aufgaben als Administrator und Entwickler ist ein erweiterter Zugriff auf die SAP Systemlandschaft unabdingbar • Wird für ABAP Entwicklungen benötigt	-
Die Zielgruppe IT entscheidet sich für den Einsatz des klassischen SAP GUI für den technical User.	

Zielgruppe: IT SAP User Interface: NWBC	
Entscheidung	
Ja	Nein
• Hohe Widerwendungsmöglichkeiten bereits vorhandener SAP Lösungen • Keine lokale Installation notwendig	-
Die Zielgruppe IT entscheidet sich für den Einsatz des NWBC für den technical User.	

Zielgruppe: IT SAP User Interface: SAP NetWeaver Portal	
Entscheidung	
Ja	Nein
• Entwicklungsmöglichkeiten stehen dem technical User zur Verfügung (Guided Procedures für Workflowgestaltung) • Portalentwicklungen werden in Zukunft einen Großteil der SAP Entwicklungsprojekte ausmachen • Hohe Widerwendungsmöglichkeiten bereits vorhandener SAP Lösungen	-
Die Zielgruppe IT entscheidet sich für den Einsatz des SAP NetWeaver Portals für den technical User.	

Zusammenfassend ergibt sich folgendes Bild:

technical User	User	Business	IT	strategische Entscheidung
Klassisches SAP GUI	ja	ja	ja	ja
SAP Web GUI	nein	nein	nein	nein
NWBC	ja	nein	ja	nein
Duet	nein	nein	nein	nein
Portal	ja	ja	ja	ja
AIF	nein	nein	nein	nein

Tabelle 17: Technical User SAP User Interface Strategie

Einigkeit besteht bei allen SAP User Interface Arten außer dem NWBC.

Begründung der strategischen Entscheidungen

NWBC:

Das NWBC bietet nur einen geringen technischen Zugang in die SAP Systemlandschaft. Einzig als Testumgebung für Entwickler ist der Einsatz sinnvoll. Dieser Bedarf muss im Einzellfall entschieden werden. Als Standard für technical User kommt der NWBC nicht in Betracht.

6.2.5. SAP User Interface Strategie Zusammenfassung

Zusammenfassend ergibt sich für die 4 Userarten und deren SAP User Interface Strategien folgendes Bild:

	Poweruser	Infouser	Businessuser	technical User
Klassisches SAP GUI	ja	nein	nein	ja
SAP Web GUI	nein	nein	nein	nein
NWBC	ja	ja	ja	nein
Duet	nein	ja	nein	nein
Portal	ja	ja	ja	ja
AIF	nein	ja	ja	nein

Tabelle 18: Zusammenfassung SAP User Interface Strategien

Je nach Aufgaben und Tätigkeiten der verschiedenen User wurden andere SAP User Interfaces empfohlen. Das SAP Web GUI wurde keinem der User empfohlen. Dies liegt besonders an der eingeschränkten Performance und der fehlenden Unterstützung für eine Vielzahl von Transaktionen[61]. Des Weiteren werden wichtige User Interface Eigenschaften wie Drag&Drop oder die Einbindung von MS Office Dokumenten nicht oder nur teilweise unterstützt[62]. Die SAP User Interfaces NWBC und das SAP NetWeaver Portal übernehmen in einem immer größeren Maße die Aufgaben des SAP Web GUI. Der ITS ist inzwischen integraler Bestandteil des SAP WAS geworden.

Das SAP NetWeaver Portal wurde allen Usern empfohlen und wird damit als strategische Komponente in der künftigen SAP Systemlandschaft

---

61 Projektsteuerung, Ressourcenmanagement und der Workflow Builder

62 SAP Hinweis 314568

begriffen. Durch die rollenbasierte Steuerung der Inhalte und die Möglichkeit verschiedenartige Applikationen innerhalb des SAP NetWeaver Portals ausführen und verknüpfen[63] zu können, wurde ein zukunftsfähiges, betriebssystemunabhängiges SAP User Interface geschaffen. Positiv sind ebenfalls die Möglichkeiten von Corporate Identity und das hohe Maß an Kollaboration.

Problematisch könnte die Überscheidung von Aufgaben des SAP NetWeaver Portals und dem SAP NWBC sein. Beide SAP User Interfaces proklamieren ähnliche Stärken für sich. Unterscheidungen könnten hier vor allem in der stärkeren Ausrichtung auf den mobilen Einsatz des SAP NWBC und des zentralen Ansatzes des SAP NetWeaver Portals als Einstiegspunkt in das Unternehmensintranet zu finden sein.

[63] Verknüpfung über Guided Procedures und Applikationserstellung mit Web Dynpro und dem Visual Composer

7. SAP Discovery System

Das SAP Discovery System ist ein komplett vorkonfiguriertes SAP System. Es beinhaltet ein SAP ERP System kombiniert mit SAP NetWeaver. Bereits der Name „Discovery" deutet darauf hin, dass das Discovery System alle Möglichkeiten bietet um die neuen SAP NetWeaver Technologien umfangreich kennen zulernen und zu testen. Dabei wird besonders auf den schnellen Einsatz, sowie eine hohe Verfügbarkeit der Komponenten Wert gelegt. Mit Hilfe von vorinstallierten Szenarien kann jede einzelne SAP NetWeaver Komponente erprobt und im Zusammenspiel mit anderen Bestandteilen verwendet werden. Dies erlaubt die praxisnahe Evaluierung der SAP NetWeaver Technologien und die Beurteilung dieser für einen Einsatz in laufende Betriebsprozesse.

Die in den vergangen Kapiteln herausgearbeiteten Userarten und deren SAP User Interface Strategien werden anhand der Beispiel Szenarien des Discovery Systems ihrer Alltagstauglichkeit untersicht.

Die Hauptaufgabe des Discovery Systems besteht darin, dazu beizutragen die neue SAP Enterprise Services-Oriented Architecture Philosophie Unternehmen näher zu bringen und eine Entscheidungshilfe für die Umstellung bestehender Prozesse auf SAP NetWeaver Basis zu sein. Das häufig zitierte Customer-Engagement-Lifecycle-Modell[64] kann mit dem Discovery System optimal umgesetzt werden.

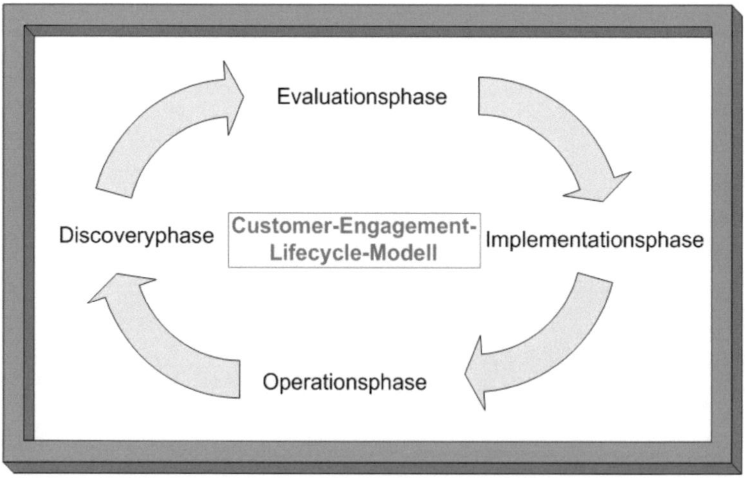

Abbildung 14: Customer-Engagement-Lifecycle-Modell (Quelle: Vgl. S. Hack, M.A. Lindemann 2007)

[64] S. Hack, M.A. Lindemann 2007 S.50

Discovery: Entdeckung der Möglichkeiten

Evaluation: Bewertung der Alternativen

Implementation: Einführung der Lösung

Operations: Inbetriebnahme der Lösung

7.1. Komponenten

7.1.1. Technische Komponenten

Ausgeliefert wird das Discovery System als Appliance[65]. Die Appliance wird von den Firmen HP oder Fujitsu Siemens Computers geliefert. Die Firma Computacenter AG & Co. oHG ist Vertriebspartner der SAP AG in Deutschland und bietet umfangreiche Serviceleistungen rund um das Discovery System an.

Hardwarespezifikationen HP:

- HP ProLiant DL380 G5 server 2 x Intel Dual-Core Xeon 5160 / 3 GHz (Dual-Core)
- 4 GB RAM
- 2* SCSI HD 146GB 7.2krpm 2.5" + 2 SCSI HD 72GB 10krpm 2,5"

Hardwarespezifikationen FSC:

- Floor Stand Version mit einem Quad-Core Intel Xeon DP 5320 Prozessor
- 8 GB RAM
- 4 * SATA HD 500 GB 7.2krpm 3.5" + 1 * SATA HD 250GB 7.2krpm 3.5"

Beide Varianten werden in 19" Technologie gefertigt und sind somit leicht in bestehende Serverarchitekturen integrierbar.

---

65 Appliance: Komplett vorinstallierte Software auf fertig konfigurierter Hardware. Aufwendige Installationsvorgänge entfallen. Im Idealfall genügt es das System ans Strom- und Datennetz anzuschließen und es ist sofort einsatzbereit.

7.1.2. Software Komponenten

Die SAP AG verfolgt mit dem Discovery System das Ziel neue Kunden für eine umfassende ESOA Strategie zu gewinnen. Dafür werden auf dem Discovery System sämtliche Softwarekomponenten mitgeliefert, die für ein umfangreiches Testing und Evaluierung nötig sind. Die jeweiligen SAP Lizenzen gehören nicht zum Lieferumfang.

Software Komponenten[66]:

- MS Windows 2003 Server SP2
- MaxDB 7.6
- SAP ERP 6.0 SP09 (ECC 6.0) und ERP Enhancement Packs 1+2
- SAP Solution Manager 4.0
- Pathfinder for Business User
- RFID (All 5.1)
- GTS 7.1
- xMII 11.5
- SAP NetWeaver Visual Composer Tool
- SAP NetWeaver 7.0 SP12
- SAP NetWeaver Portal
- SAP NetWeaver Master Data Management (5.5 SP05)
- SAP NetWeaver Development Studio
- SAP NetWeaver Process Integration
- SAP NetWeaver Business Intelligence
- SAP NetWeaver Application Server

7.2. SAP System Aufbau

Das Discovery System beinhaltet sowohl eine komplette mySAP ERP Instanz, als auch eine vollständige SAP NetWeaver Installation. Das Zusammenspiel dieser beiden Komponenten stellt die Grundlage für die integrierten Szenarien zur Veranschaulichung der ESOA Philosophie dar.

---

66 Diese Angaben beziehen sich auf die aktuelle Version 3 des Discovery Systems. Stand 20.11.2007

Als Benutzerschnittstellen dienen dabei alle SAP User Interfaces, die aktuell im SAP Umfeld eingesetzt werden mit Ausnahme des SAP NetWeaver Business Clients.

Die Abbildung 15 zeigt den prinzipiellen Aufbau des SAP Discovery Systems und verdeutlicht die Zugehörigkeit der vorhandenen SAP Komponenten.

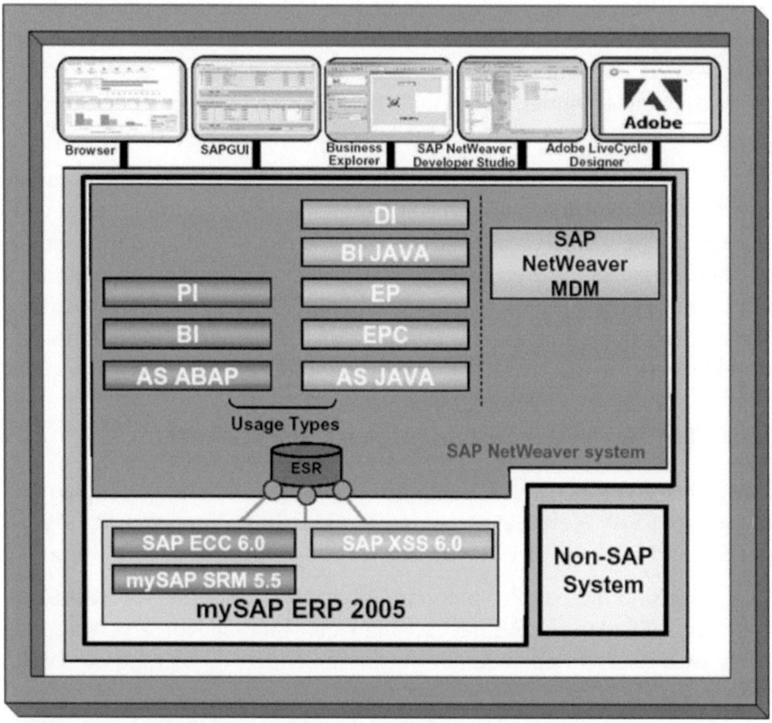

Abbildung 15: Discovery Server Systemlandschaft (Quelle: SAP AG 2006, TechED 06 SOA250)

7.2.1. SAP ERP Instanz

Die ERP Instanz ist in Form der aktuellen mySAP ERP 2005 beziehungsweise SAP 6.0 dem Nachfolger des SAP R/3 System implementiert.

Es sind insgesamt 4 Clients im ERP System realisiert[67]:

[67] Zugangsdaten sind im Anhang zu finden

- 001 (SAP User Management Engine + Process Integration[68])
- 200 (ERP)
- 300 (Business Warehouse)
- 400 (Radio Frequency Identification)

Die Funktionalitäten aus dem ERP System werden unter anderem über Enterprise Services im angehängten SAP NetWeaver System verfügbar gemacht. Diese Enterprise Services sind im ESR hinterlegt. Der klassische Aufruf von BAPIs über RFC Schnittstellen ist ebenfalls möglich. Diese Aufrufe werden im Zuge des ESOA Gedankens zunehmend als Enterprise Services[69] implementiert. Dazu liefert die SAP einen Wizard[70] aus um automatisch ein BAPI im Web verfügbar zu machen (web enabled).

Das ERP System ist mit Beispieldaten gefüllt, welche als Cool Corporation geführt werden. Ähnlich wie im bekannten SAP IDES System gibt es vollständig konfigurierte Unternehmen. Das wichtigste Unternehmen ist die Verkaufsorganisation BP01 mit ihren entsprechenden Werken, Mitarbeitern, Kunden, Lieferanten etc. Die Cool Corporation ist von ihrem Datenumfang so angelegt, dass die Beispielszenarien funktionieren. Eine Datenfülle wie im IDES System ist nicht vorhanden.

7.2.2. SAP NetWeaver System auf dem Discovery System

Das SAP NetWeaver System auf dem DS ist eine vollwertige Implementierung von SAP NetWeaver 7.0. In der aktuellsten Version 3 des DS ist das Support Package 12 vorinstalliert.

Kernstück sind die parallel laufenden Web Application Server (WAS) ABAP und J2EE. Jeder WAS besitzt eine eigenständige Nutzerverwaltung. Diese wird überschrieben von der zentralen Nutzerverwaltung der UME, welche auf dem SAP ERP System Client 001 implementiert ist. Unterschiede zu produktiven SAP Systemen sind vor allem in der Leistungsfähigkeit des DS zu finden und in dem Umstand, dass alle SAP Komponenten auf einem Server installiert sind.

---

[68] Ehemals XI

[69] SAP spricht anstatt von Enterprise Services als Komposition von verschiedenen Web Services

[70] Automatisierte Erstellung eines WebServices in Dialogform

7.3. Umgesetzte Szenarien

Ein weiterer Unterschied des DS zu anderen SAP NetWeaver Systemen sind die vorhandenen Business Szenarien. Diese haben den Hauptzweck die möglichen Potentiale, der neuen SAP NetWeaver Technologie, zu demonstrieren. Besonderen Wert wird dabei der Veranschaulichung neuer Entwicklungswerkzeuge beigemessen. Die konsequente Nutzung des SAP NetWeaver Portals als Darstellungsschicht in den meisten Szenarien zeigt die hohe Bedeutung, die SAP dem Portal in Zukunft beimisst.

Im Folgenden wird ein Überblick über alle Szenarien und die jeweils verwendeten SAP User Interfaces und Entwicklungswerkzeuge gegeben. Dabei beziehen sich die verwendeten Namen bzw. Bezeichnungen auf die, von der SAP AG freigegebenen Unterlagen.

Die auftretenden Rollen im Szenario werden einzelnen Userarten zugeordnet, dabei ist eine Mehrfachzuordnung möglich.

Bei den Szenarien werden 2 Typen unterschieden. Während die Prozessszenarien vorwiegend auf einen Geschäftsanwendungsfall eingehen, befassen sich die Technologieszenarien mit neuen Entwicklungsmöglichkeiten innerhalb der SAP NetWeaver Landschaft.

7.3.1. Service-Enabled Procurement Scenario

Typ: Prozessszenario

Beschreibung:

Dieses Szenario bildet einen vollständigen Beschaffungsprozess ab. Ein Verkäufer nimmt eine Kundenbestellung an. Dadurch wird eine Bedarfsanforderung ausgelöst und bearbeitet. Der Lagermanager erfasst den Wareneingang.

Rollen:

Rollenname	Userart(en)	SAP UI
Sales Person - Steve Farmer	Businessuser	AIF, Portal
Procurement Agent - Allen McCormick	Infouser	Portal
Procurement Manager - Mike Stevens	Infouser	Portal
Warehouse Manager - Julie Jones	Infouser, Businessuser	AIF, Portal

Tabelle 19: Rollen im Service-Enabled Procurement Scenario

Mehrwert:

Als Einstiegsszenario vom Discovery System wird hier ein großer Überblick über neue SAP User Interfaces gegeben. Dem Anwender wird eine Vorstellung vermittelt inwieweit sich die Umsetzung eines Beschaffungsprozesses mit SAP NetWeaver vereinfachen lässt. Der Business Prozess könnte selbstverständlich auch mit herkömmlichen Methoden abgebildet werden. Dieser Umstand hinterlässt noch nicht den Eindruck, dass ESOA für die Zukunft unentbehrlich ist.

7.3.2. Creating a Purchase Order Store Record Web Service Scenario

Typ: Technologieszenario

Beschreibung:

Dieses Szenario veranschaulicht den grundlegenden Ansatz der neuen Web Service Technologie innerhalb der SAP Landschaft. Aus einem bestehenden Standard BAPI mit RFC Schnittstellen wird ein Web Service erstellt. Dies geschieht mit Hilfe eines Wizards innerhalb des klassischen SAP GUI's.

Rollen:

Rollenname	Userart(en)	SAP UI
Admin auf Client 200 des mySAP ERP System	Poweruser, technical User	Klassisches SAP GUI, Portal

Tabelle 20: Rollen im Creating a Purchase Order Store Record Web Service Scenario

Mehrwert:

Nutzer die aus der alten SAP Basis Welt kommen, verdeutlicht dieses Szenario, dass ihr Wissen über BAPIs und RFCs von großer Bedeutung bei ESOA ist. Demgegenüber steht die Tatsache, dass es ohne Wissen über klassische SAP Technologien, insbesondere der Programmiersprache ABAP, weit schwieriger ist, SAP ESOA umzusetzen.

7.3.3. Interactive Form that consumes an Enterprise Service Scenario

Typ: Technologieszenario

Beschreibung:

In diesem Szenario wird der Gebrauch der Adobe Interactive Formulars (AIF) gezeigt. Ein Web Service bzw. Enterprise Service wird in ein mit dem

SAP NetWeaver Developer Studio (NWDS) selbst gebautes AIF verwendet.

Rollen:

Rollenname	Userart(en)	SAP UI
Entwicklerrolle mit Zugriff auf SDM	Poweruser, technical User	AIF Entwicklung im NWDS, Portal

Tabelle 21: Rollen im Interactive Form that consumes an Enterprise Service Scenario

Mehrwert:

Das große Marktpotential von AIF wird in diesem Szenario verdeutlicht. Des Weiteren wird das NWDS als das zentrale Entwicklungstool vorgestellt.

Anzumerken ist, dass das erstellte AIF auch außerhalb des Portals verwendet werden kann. Dies ermöglicht die offline Bearbeitung des Formulars. Eine Synchronisierung erfolgt zu einem späteren online Zeitpunkt.

7.3.4. xApp Analytics Travel Expense Exception Scenario

Typ: Prozessszenario

Beschreibung:

Dieses Szenario beschreibt eine typische Alltagssituation eines Managers. Er muss getätigte Reisen seiner Mitarbeiter überprüfen. Dabei gibt es bestimmte Richtlinien die eingehalten werden müssen. Ein Mitarbeiter verstößt gegen diese Richtlinie und wird vom Manager darauf hingewiesen. Der Manager passt im Zuge dessen die Reiserichtlinie an.

Rollen:

Rollenname	Userart(en)	SAP UI
Travel Manager - Bill Mathews	Infouser	Portal
Employee - Tony Jackson	Businessuser	Portal

Tabelle 22: Rollen im xApp Analytics Travel Expense Exception Scenario

Mehrwert:

Im Bezug auf SAP User Interfaces wird deutlich, dass sich mit dem Einsatz des SAP NetWeaver Portals Medienbrüche vermeiden lassen. Die einzelnen Rollen in diesem Prozess erhalten unterschiedliche Sichten und Funktionalitäten. Dies ermöglicht die Nutzung einer Plattform als zentrales Bindeglied innerhalb des Unternehmens. Das Potential als Workflowumgebung ist in Ansätzen zu erkennen, doch fällt es schwer einen grundsätzlichen Mehrwert gegenüber dem SAP Business Workflow beziehungsweise anderer Workflowsoftware zu sehen.

7.3.5. xApp Analytics Investment Approval Scenario

Typ: Prozessszenario

Beschreibung:

Dieses Szenario beschreibt eine typische Alltagssituation eines Managers. Er hat darüber zu entscheiden, welche Projekte genehmigt werden können. Er informiert sich über die zu erwartende wirtschaftliche Projektentwicklung und trifft dann aufgrund dieser Informationen seine Entscheidung.

Rollen:

Rollenname	Userart(en)	SAP UI
xApp Admin	Infouser	Portal, SAP Web GUI

Tabelle 23: Rollen im xApp Analytics Investment Approval Scenario

Mehrwert:

Die Verwendung der Adobe Flex Technologie mit dem Portal als Frontend für das SAP Business Warehouse bringt einen deutlichen Mehrwert. Das Portal beziehungsweise der SAP NetWeaver Business Client könnte sich als echt Alternative zu SAP Bex[71] und Programmen von Drittanbietern etablieren.

71 Der Business Explorer als Business Warehouse Frontend.

7.3.6. xApps for Personal Productivity Production Order Rescheduling Scenario

Typ: Prozessszenario

Beschreibung:

In einer Produktion fällt ständig Wartungsaufwand für die eingesetzten Maschinen an. Fällt eine Maschine aus wird eine entsprechende Wartungsanforderung ausgelöst. Ein Manager muss entscheiden in welcher Reihenfolge Wartungsanforderungen bearbeitet werden. Er kann Produktionsprozesse auf andere Maschinen verlagern.

Rollen:

Rollenname	Userart(en)	SAP UI
Maintenance Supervisor	Infouser	Portal
Production Manager	Infouser	Portal

Tabelle 24: Rollen im xApps for Personal Productivity Production Order Rescheduling Scenario

Mehrwert:

Ähnlich wie im vorangegangenen Szenario doch deutlich abgeschwächt wird das Potential des Portals als zentrales Frontend vermittelt. In diesem Szenario kommt allerdings die Workflowkomponente deutlich mehr zur Geltung. Ein Anwender aus der Produktion findet in diesem Szenario kaum Neues.

7.3.7. xApps for Personal Productivity Request for New Supplier Scenario

Typ: Prozessszenario

Beschreibung:

Ein häufig vorkommender Vorgang ist das Anlegen eines neuen Lieferanten. Ein Mitarbeiter möchte ein Produkt von einem neuen Lieferanten erwerben. Es muss geprüft werden ob es diesen Lieferanten schon gibt. Des Weiteren müssen Details über den Lieferanten in der Einkaufsorganisation eingepflegt werden. Am Ende wird der Vorgang genehmigt oder abgelehnt.

Rollen:

Rollenname	Userart(en)	SAP UI
Requester	Businessuser	Portal
Processor	Infouser, Businessuser	Portal
Purchaser	Infouser	Portal, SAP Web GUI
Accountant	Infouser	Portal, SAP Web GUI

Tabelle 25: Rollen im xApps for Personal Productivity Request for New Supplier Scenario

Mehrwert:

Dieses Szenario führt den Nutzer intensiv an die Guided Procedures heran. Die begleitete Umsetzung des Prozesses verdeutlicht das zentrale Anliegen der GP, nämlich den Nutzer jederzeit über den Fortschritt der Bearbeitung zu informieren.

7.3.8. xApps for Personal Productivity Request For Quotation Scenario

Typ: Prozessszenario

Beschreibung:

Dieses Szenario beschreibt den Genehmigungsprozess für ein Angebot. Hier kommt es vor allem auf die rasche Abwicklung an. Nachdem das Angebot erstellt ist, muss es den Entscheidungsträgern schnell zur Annahme oder Ablehnung vorgelegt werden. In diesem Fall gibt es zwei Entscheider.

Rollen:

Rollenname	Userart(en)	SAP UI
Employee	Businessuser	AIF,Portal
Sales Manager	Infouser	AIF,Portal
Sales Director	Infouser	AIF, Portal

Tabelle 26: Rollen im xApps for Personal Productivity Request For Quotation Scenario

Mehrwert:

Dieses auf Geschwindigkeit abzielende Szenario stellt ebenfalls den Gedanken des Workflows in den Vordergrund. Gut zu Geltung kommt die Einbindung der Adobe Interactive Formulars und die Weitergabe der Bearbeitung an den nächsten Prozessbeteiligten.

7.3.9. xApps for Personal Productivity Store Specific Consumer Prices Scenario

Typ: Prozessszenario

Beschreibung:

Im Handel sind schnelle Reaktionen am Markt sehr wichtig. Dieses Szenario durchläuft daher den Prozess der Preisanpassung für eigene Waren. Ein Angestellter soll schnell und flexibel in der Lage sein, eigenständig Preise verändern zu können. Die Vorgesetzten genehmigen den Preis oder lehnen diesen ab.

Rollen:

Rollenname	Userart(en)	SAP UI
Employee	Businessuser	Portal
Store Manager	Infouser	Portal
Category Manager	Infouser	Portal

Tabelle 27: Rollen im xApps for Personal Productivity Store Specific Consumer Prices Scenario

Mehrwert:

Dieses Szenario bildet einen sehr praxisnahen Prozess ab. Vor allem Nutzer aus dem Handel könnten von dieser Umsetzung profitieren. Ob ein solcher Prozess so umgesetzt werden kann, hängt stark von den hierarchischen Strukturen im Unternehmen ab. Dass er mit SAP NetWeaver gelöst werden kann, zeigt dieses Beispiel gut.

7.3.10. xApps for Personal Productivity Strategic Investment Buy Scenario

Typ: Prozessszenario

Beschreibung:

Beim strategischen Einkauf spielen vor allem umfangreiche Informationen über Produkte, Lieferanten und Preis eine entscheidende Rolle. Ein Einkäufer kann in diesem Szenario nach Produkten suchen und eine strategische Einkaufsplanung durchführen. Informationen über Rabatte und Lagerkosten fließen in eine Simulation des Investitionsgütereinkaufs ein.

Rollen:

Rollenname	Userart(en)	SAP UI
Buyer	Infouser	Portal

Tabelle 28: Rollen im xApps for Personal Productivity Strategic Investment Buy Scenario

Mehrwert:

Dieses Szenario stellt ebenfalls das Frontend für SAP BW Daten dar. Insbesondere die Anwendungsmöglichkeiten wie Simulation oder „Was wäre wenn" Analysen bereichert dieses Szenario. Kritisch ist zu betrachten inwiefern dieses xApps ein umfangreicheres Analysetool ersetzen kann. Dem User stehen nur die begrenzten Funktionen der kleinen Anwendung zu Verfügung. Ein strategischer Einkauf beschränkt sich wohl nur kaum auf ein kleines Tool. Für den schnellen Überblick ist es aber durchaus geeignet.

7.3.11. RFID Enabled Flexible Delivery Processing for Discovery System Scenario

Typ: Technologieszenario

Beschreibung:

Radio Frequency Identification (RFID) wird zunehmende Bedeutung[72] für den Lieferprozess erlangen. Dieses Szenario stellt die RFID Umsetzung mit SAP NetWeaver Technologie vor. Eine Lieferung wird fakturiert und zum Versand freigegeben. Im SAP System wird der Auslieferungsstatus überwacht.

---

72 Bundesamt für Sicherheit in der Informationstechnik 2004

Rollen:

Rollenname	Userart(en)	SAP UI
Admin SAP Client 001	technical User	Klassisches SAP GUI
Admin SAP Client 200	technical User	Klassisches SAP GUI
Admin SAP Client 400	technical User	Klassisches SAP GUI

Tabelle 29: Rollen im RFID Enabled Flexible Delivery Processing for Discovery System Scenario

Mehrwert:

Ein tatsächlicher Mehrwert ist nicht zu erkennen. Da die Datenströme lediglich per Hand getriggert werden, erschließen sich dem Nutzer die Möglichkeiten von RFID nur schwer. Lediglich das Kennenlernen verschiedener Tools im SAP PI System zur Auswertung von Messages stellt ein Plus dar.

7.3.12. CAF Scenario

Typ: Technologieszenario

Beschreibung:

Das Composite Application Framework (CAF) stellt eine Sammlung von Entwicklungstools in der SAP NetWeaver Umgebung dar. In diesem Szenario wird das Zusammenwirken verschiedener Werkzeuge demonstriert. Dies wird am Beispiel des ersten Arbeitstages eines Mitarbeiters gezeigt.

Rollen:

Rollenname	Userart(en)	SAP UI
End User - Jamie Miller	Poweruser	Portal
Manager - CTB_ADMIN (Admin WebAS)	technical User	Portal Entwicklung NWDS, Guided Procedures Visual Composer

Tabelle 30: Rollen im CAF Scenario

Mehrwert:

Dieses sehr umfangreiche Szenario gibt dem User einen umfassenden Überblick über Möglichkeiten und Funktionsweise des SAP CAF. Insbesondere die vermittelten Portalkenntnisse im Zusammenhang mit Contentverwaltung und den Guided Procedures rechtfertigen den Aufwand. Dieses Szenario ist besonders empfehlenswert.

7.3.13. Flexibility with Enterprise SOA Scenario

Typ: Technologieszenario

Beschreibung:

Der klassische Prozess des Anlegens einer Verkaufsorder wird in diesem Szenario aus dem traditionellen SAP GUI herausgelöst. Es wird eine Web Anwendung mit dem Visual Composer gestaltet, die über einen Enterprise Service das Anlegen einer Verkaufsorder im Portal ermöglicht

Rollen:

Rollenname	Userart(en)	SAP UI
Sales Manager - Mel Lukes	Poweruser	Portal
Business Process Expert - Chris Watson	Poweruser, Infouser	Portal
Sales Representative - Sam Davis	Poweruser, Infouser	Portal
ctb_admin (WebAS)	technical User	Portal Entwicklung NWDS, Guided Procedures Visual Composer

Tabelle 31: Rollen im Flexibility with Enterprise SOA Scenario

Mehrwert:

Der Umgang mit Web Services steht in diesem Szenario an vorderster Stelle. Die Orchestrierung der einzelnen Services im Visual Composer vermittelt dem Nutzer den zentralen Gedanken von ESOA: die Wiederverwendung von vorhandenen Servicen zusammengeknüpft als neue komponierte Anwendung.

8. Anwendungsszenario

Das Anwendungsszenario stellt einen typischen Geschäftsvorgang in einem Unternehmen dar. Dieser Geschäftsvorgang bezieht sich auf die Anforderungen des Unternehmensmanagement, sehr zeitnah einen wichtigen Anwendungsfall mit Hilfe der vorhandenen SAP NetWeaver Umgebung umzusetzen. In diesem Szenario steht die technische Implementierung mit Hilfe von SAP NetWeaver im Vordergrund. Das zweite Anliegen dieses Szenarios ist die Herausarbeitung der Verwendung von einzelnen SAP User Interfaces im Rahmen der in dieser Studie vorgestellten Userarten. Es soll klar werden, warum der jeweilige User dieses und nicht ein anderes SAP User Interface benutzt.

8.1. Ausgangssituation

Das mittlere Management in Form eines Infousers möchte die Möglichkeit erhalten schnell und effektiv Projektteams zusammenzustellen. Dabei soll die Möglichkeit bestehen aus allen Unternehmensbereichen und Tochterunternehmen geeignete Mitarbeiter zu wählen. Die Wahl des jeweiligen Mitarbeiters soll ausschließlich über dessen Tätigkeitsbeschreibung im Unternehmen erfolgen. Aus Gründen der Einfachheit werden Aspekte wie zeitliche Auslastung der Mitarbeiter oder interne Kostenerwägungen in diesem Beispiel ignoriert.

8.2. Vorgehensweise

Den einzelnen Userarten werden in diesem Kapitel jeweils unterschiedliche Aufgaben zugeordnet. Diese Art der Aufgabenverteilung orientiert sich sowohl an hierarchischen Gegebenheiten, als auch an technischen Vorrausetzungen.

Infouser:

Der Infouser formuliert die Aufgabe beziehungsweise den Wunsch einen Anwendungsfall umzusetzen. Sein Ziel ist es am Ende eine Liste mit allen Projektmitarbeitern zu erhalten und diese Liste jederzeit aktualisieren zu können.

Poweruser:

Häufig kommt es vor, dass dem Poweruser mit seinen erweiterten technischen Fähigkeiten, von unterschiedlichsten Seiten, Vorschläge für neue technische Anwendungsfälle unterbreitet werden. Da dieser sowohl in der technischen Welt als auch in der Businesswelt beheimatet ist, fungiert er häufig als Bindeglied zwischen Technik und Wirtschaft. In diesem Fall tritt der Infouser an ihn heran.

Der Poweruser ist in der Lage mit Hilfe des Visual Composers eine erste Version des Anwendungsfalles umzusetzen. Des Weiteren erstellt er für den Businessuser eine Guided Procedure innerhalb des SAP NetWeaver Portals für die Bedienung des Anwendungsfalles.

Technical User:

Den technischen Limitierungen des Poweruser kann der technical User angemessen begegnen. In diesem Falle teilt der Poweruser dem technical User seine Anforderungen mit. In diesem Szenario wird ein WebService benötigt, der in der Lage ist aus dem SAP System alle Mitarbeiter auszulesen. Des Weiteren muss er einen WebService entwickeln, der die ausgewählten Mitarbeiter speichern kann. Die WebServices werden mit dem NWDS realisert. Die Datenhaltung erfolgt im SAP System oder in einer JDBC Datenbank. Es wird ein WebService benötigt, der die SAP Tabelle mit Daten füllt. Dieser wird im klassischen SAP GUI zunächst als ABAP Programm entwickelt und dann mit dem SAP WebService Wizard als WebService veröffentlicht.

Als weitere Aufgabe obliegt es dem technical User eine geeignete Liste für die Darstellung alle Mitarbeiter im Projekt zu entwerfen. Diese Liste unterliegt den Anforderungen des Infousers. Für die Umsetzung der Liste werden die Adobe Interactive Formulars verwendet.

Businessuser:

Dem Businessuser kommt in diesem Szenario die Aufgabe zu teil, den Anwendungsfall zu bedienen. Er bekommt Vorgaben vom Infouser welche Mitarbeiter er in ein Projekt holen soll. Dafür benötigt er eine möglichst einfache Anwendung. Die Anwendung wird innerhalb des SAP NetWeaver Portals realisiert.

8.3. Technische Implementierung

Die folgende Grafik verdeutlicht die Aufgaben der Prozessbeteiligten bei der Erstellung der Projektapplikation. Beginnend bei der Auftragserteilung durch den Infouser, über die Erstellung der Oberfläche mit dem Visual Composer durch den Poweruser, der Generierung der WebServices für die Anbindung des SAP Backend Systems vom technical User, bis hin zur Verwendung der Applikation vom Businessuser im SAP NetWeaver Portal und der Auswertung der Projektliste in Form der Adobe Interactive Formulars vom Info User. Nachfolgend werden die einzelnen Aufgaben im Detail beschrieben.

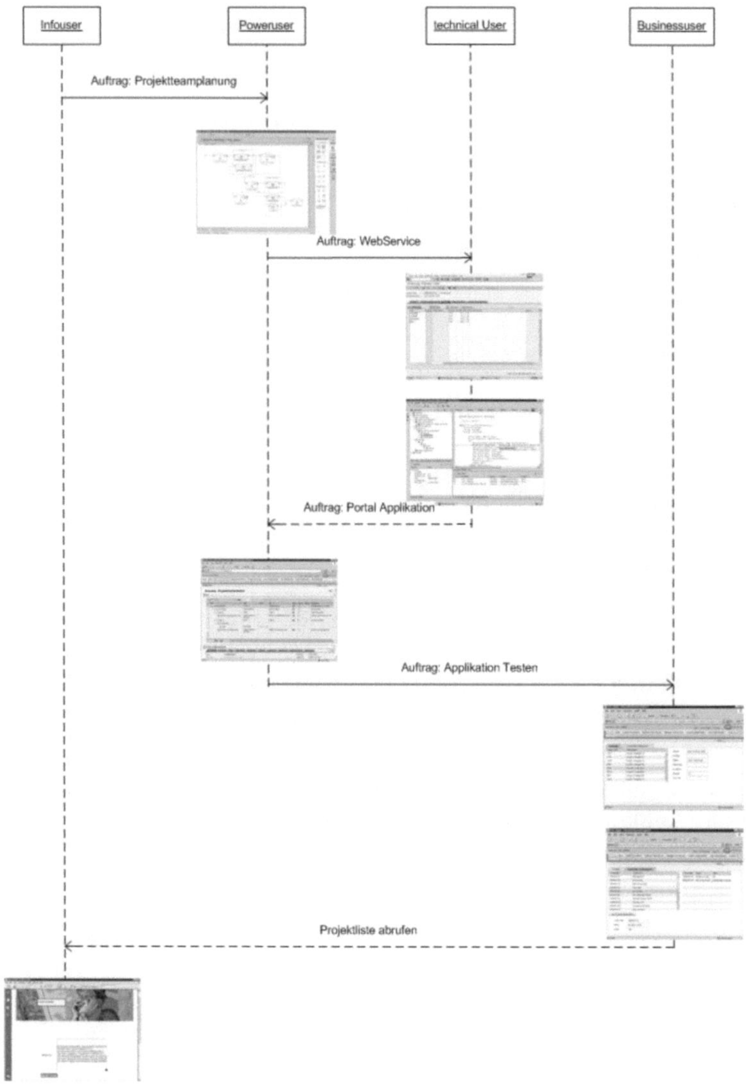

Abbildung 16: Szenario Erstellungssequenz (Quelle: Eigenanfertigung)

8.3.1. Aufgaben des Infousers

Der Infouser stellt das auslösende Ereignis dieses Szenarios dar. Von ihm wird die Aufgabe definiert.

Anforderungen des Infousers an die Applikation:

- Wahl des Unternehmens, aus denen die Mitarbeiter stammen
- Wahl der Abteilung, aus denen die Mitarbeiter stammen
- Anzeige der jeweiligen Tätigkeit des Mitarbeiters im Unternehmen
- Intuitive Oberfläche der Anwendung
- Entfernen eines Teammitgliedes
- Entfernung des gesamten Teams
- Generierung einer einfachen Liste des ausgewählten Mitarbeiterstabes
    - Möglichkeit diese Liste zu speichern
    - Möglichkeit diese Liste jederzeit zu aktualisieren

Diese Anforderungen teilt der Infouser dem Poweruser mit.

8.3.2. Aufgaben des Powerusers

Der Poweruser stellt die Schnittstelle vom Anwender hin zur technischen Umsetzung dar. Typischer Weise wird ihm von einem Entscheidungsträger der Auftrag zur Erstellung einer ersten Applikation gegeben. Mit SAP NetWeaver ist es möglich, in kurzer Zeit zu lauffähigen Anwendungen zu kommen.

Der Poweruser beschließt den Visual Composer als Vertreter von modelgetriebenen Entwicklungstools für die Erstellung der funktionalen Oberfläche zu Verwenden.

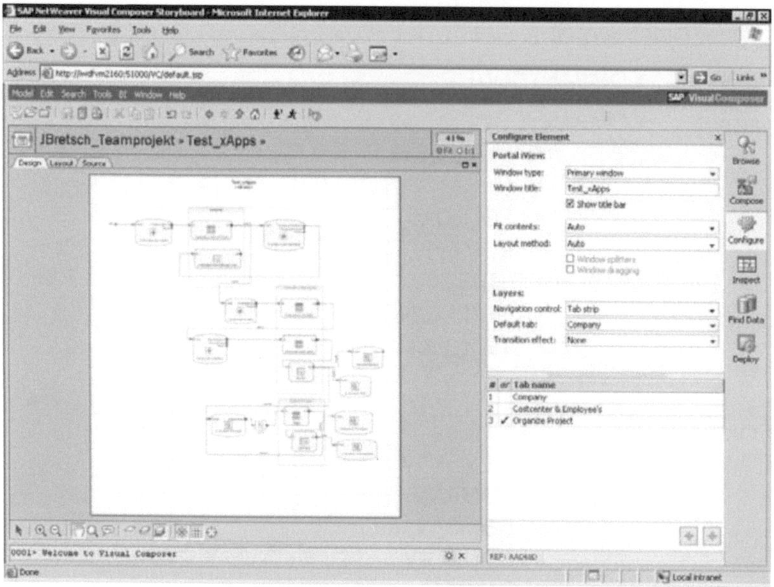

Abbildung 17: Projektszenario im Visual Composer

Zunächst werden WebServices aufgerufen, die die gewünschten Informationen über die Mitarbeiter aus dem SAP Backend System zur Verfügung stellen.

Folgende SAP interne WebServices mit ihren jeweiligen In- und Outputs werden verwendet:

BABI_COMPANYCODE_GETLIST

Input: -

Output: COMPANY_LIST Fields

- COMP_CODE
- COMP_NAME

BABI_COMPANYCODE_GETDETAIL

Input: COMPANYCODEID

Output: COMPANYCODE_ADDRESS Fields

- Location
- Name
- PO_BOX
- REGION
- STREET
- STREET_NO
- TEL1_EXT

COMPANYCODE_DETAIL Fields

- CITY
- COMPANY
- COMP_NAME
- COUNTRY
- LANGU

BAPI_COSTCENTER_GETLIST

Input: COMPANYCODE

Output: COSTCENTER_LIST Fields

- COCNTR_TXT
- COSTCENTER

BAPI_EMPLOYEE_GETDATA

Input: COSTCENTER

Output: ORG_ASSIGNMENT Fields

- CONTRACT
- COSTCENTER
- JOB
- JOBTXT
- PERNO

Für die Datenhaltung im SAP System werden eigene WebServices beim technical User in Auftrag gegeben:

Z_JBRETSCH_TMF

Input: COSTCENTER
NAME
JOBTXT
EMAIL

Output: -

Dieser WebService füllt die SAP Tabelle ZJBRETSCH_TM mit den Mitarbeiterdaten.

Z_JBRETSCH_TMOUT2

Input: -

Output: TAB

- COSTCENTER
- NAME
- JOBTXT
- EMAIL

Dieser WebService gibt als Response die Tabelle ZJBRETSCH_TM mit den Mitarbeiterdaten zurück.

Z_JBRETSCH_TMDELETEALL

Input: -

Output: -

Dieser WebService löscht alle Teammitglieder in der SAP Tabelle ZJBRETSCH_TM.

Z_JBRETSCH_TMDELETE

Input: Line

Output: -

Dieser WebService löscht einzelne Teammitglieder in der SAP Tabelle ZJBRETSCH_TM. Line gibt die Position des zu löschenden Teammitgliedes in der Tabelle an.

Nachdem der technical User dem Poweruser den WebService zur Verfügung gestellt hat, bindet der Poweruser die Applikation in das SAP NetWeaver Portal ein. Die Einbindung erfolgt als Callable Object innerhalb einer Guided Procedure.

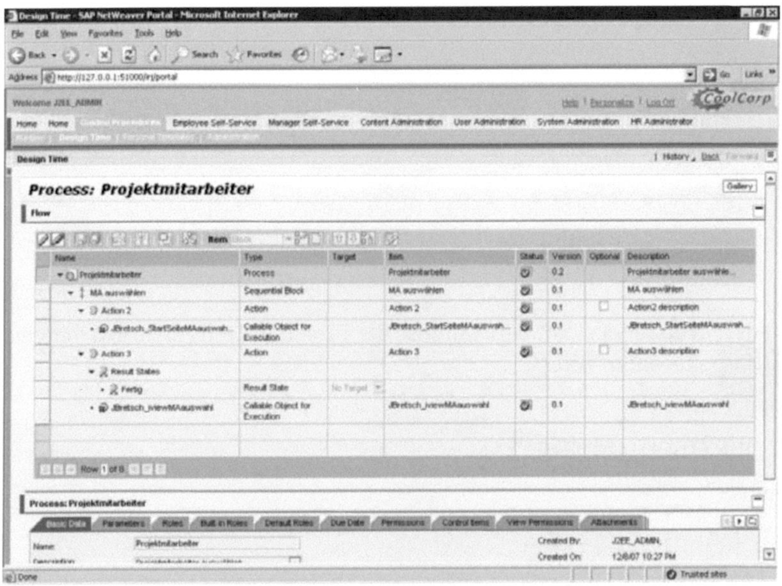

Abbildung 18: Szenario Guided Procedure

Vor der eigentlichen Hauptapplikation wird dem Anwender eine kurze Beschreibung in Form einer einfachen html-Seite gezeigt. Die Einbindung der jeweiligen Schritte der Guided Procedure erfolgt als Action Block, in denen die Callable Objects gekappselt sind.

8.3.3. Aufgaben des technical User

Der technical User bekommt vom Poweruser die Aufgabe WebServices zu entwickeln, die die Datenhaltung im SAP System steuern. Diese WebServices werden innerhalb einer SAP Function Group als eigene Function Moduls umgesetzt und als WebServices veröffentlicht.

Function Group: Z_JBRETSCH_TMALL

Function Moduls: Z_JBRETSCH_TMF

- Befüllen der Tabelle ZJBRESTCH_TM

Z_JBRETSCH_TMOUT

- Ausgabe der Tabelle ZJBRESTCH_TM

Z_JBRETSCH_TMDELETE

- Löschen einer Zeile in der Tabelle ZJBRESTCH_TM

Z_JBRETSCH_TMDELETEALL

- Löschen der gesamten Tabelle ZJBRESTCH_TM

Z_JBRETSCH_TMOUTSTRING

- Ausgabe der Tabelle ZJBRESTCH_TM als String Wert, zur Ausgabe im Adobe Interactive Formular

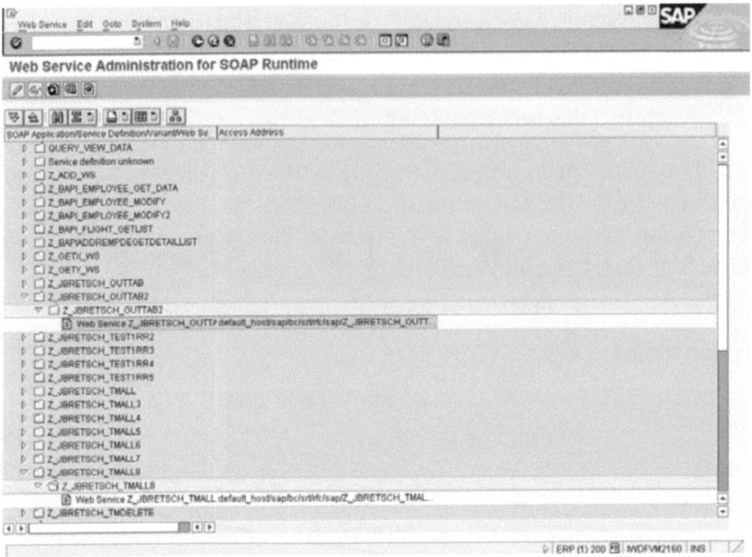

Abbildung 19: WebServices im SAP

Grundlage der WebServices ist die Tabelle ZJBRESTCH_TM. In dieser werden alle Teammitglieder gespeichert.

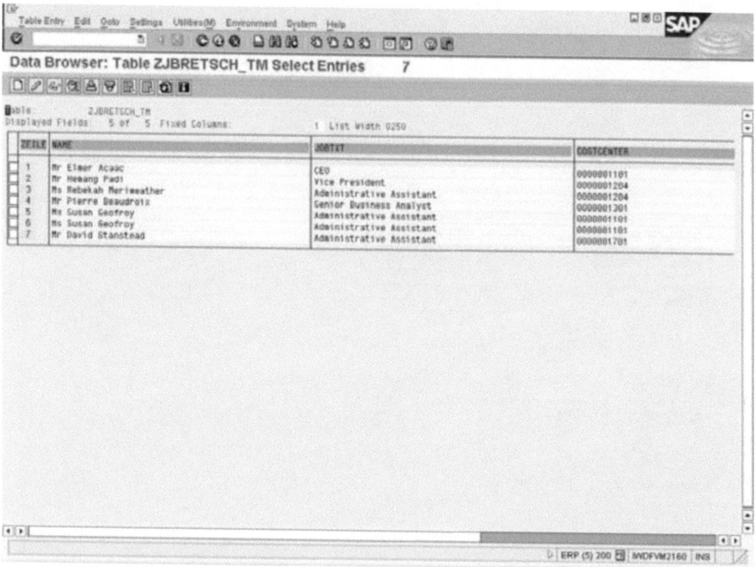

Abbildung 20: Tabelle ZJBRETSCH_TM

Des Weiteren erhält er den Auftrag eine Liste für den Infouser zu erstellen. Diese Liste setzt er mit Hilfe der Adobe Interactive Formulars um. Auf dieser Liste kann er die aktuellen Teammitglieder einsehen. Des Weiteren kann er ein Startdatum für das Projekt festlegen und das Dokument mit seiner digitalen Unterschrift signieren.

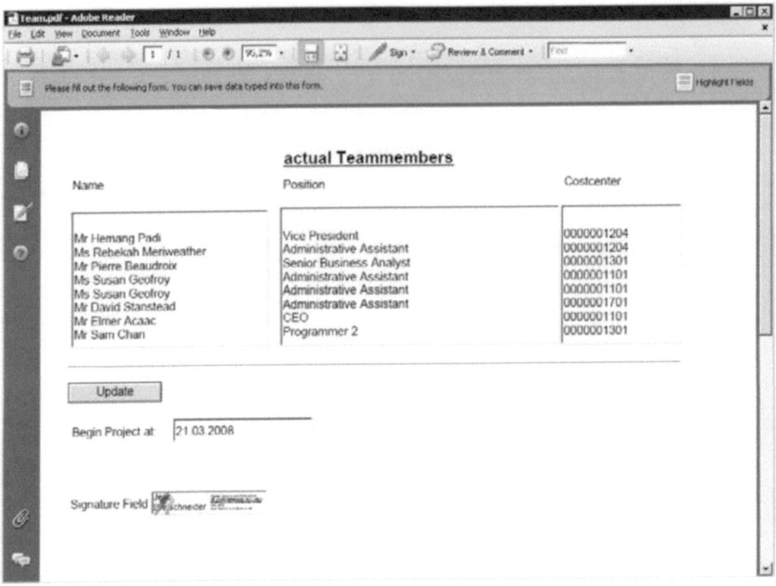

Abbildung 21: Szenario AIF

8.3.4. Aufgaben des Businessusers

Der Businessuser wird die Anwendung bedienen und die gewünschten Mitarbeiter aus dem SAP System dem Projekt zuordnen. Dafür erhält er die entsprechende Rolle im SAP NetWeaver Portal. Des Weiteren wird sein User für die verwendeten WebServices freigeschaltet, da diese eventuell über erweiterte Sicherheitsrichtlinien verfügen.

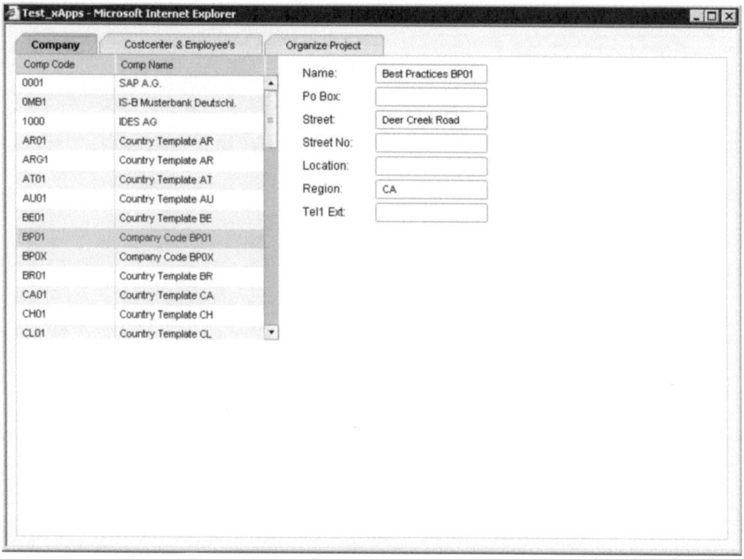

Abbildung 22: Auswahl des Unternehmens im SAP NetWeaver Portal

Nachdem das Unternehmen bestimmt worden ist, erfolgt die Auswahl des Costcenters und der entsprechenden Mitarbeiter.

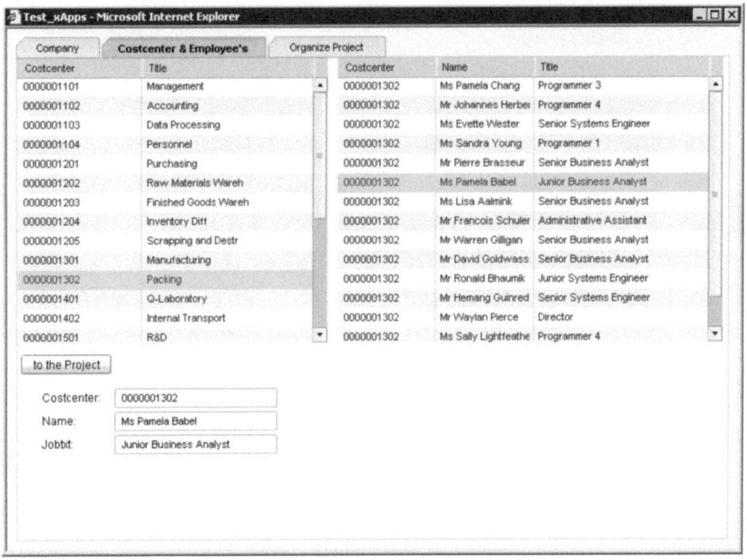

Abbildung 23: Auswahl der Mitarbeiter im SAP NetWeaver Portal

Die Betätigung des Buttons „Ins Projekt aufnehmen" startet den Vorgang der Aufnahme der Person in die zugrunde liegende Tabelle, des WebServices Z_JBRETSCH_TMF.

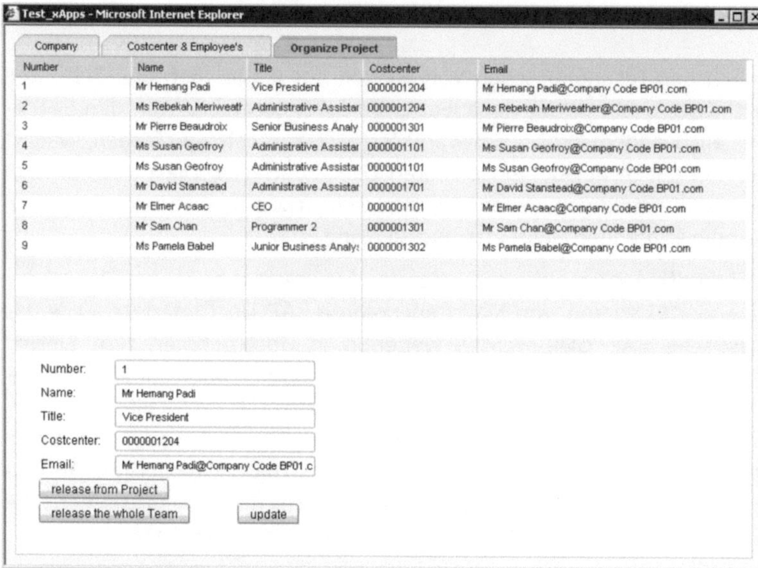

Abbildung 24: Projektorganisation im SAP NetWeaver Portal

Auf dem dritten Reiter findet der Businessuser eine Übersicht über alle ausgewählten Mitarbeiter. Es können Projektmitglieder einzeln oder alle vollständig entfernt werden.

9. Ausblick

Durch den technologischen Wandel von der klassischen drei Schichten Architektur, hin zur serviceorientierten Softwarearchitektur, den SAP aber auch andere große Softwarehersteller zur Zeit durchleben, wächst der Bedarf an flexibel einsetzbaren User Interfaces. Diese müssen sich immer kurzfristiger neuen Bedürfnissen sowie Notwendigkeiten sich ständig ändernden Geschäftsmodellen anpassen.

In Zukunft werden die verschiedenen SAP User Interfaces parallel nebeneinander existieren. Am Markt anerkannte SAP User Interfaces, wie das klassische SAP GUI, werden weiterhin in Unternehmen zum Einsatz kommen. Das vorhandene Wissen der Anwender über die älteren SAP User Interfaces, stellt einen wertvollen Faktor dar und sollte nicht verschwendet werden. Vielmehr macht es Sinn, die neuen SAP User Interfaces zusammen mit den vertrauten User Interfaces einzuführen. Als Beispiel dient hier, die Erstellung von Web Services mit dem klassischen SAP GUI, um diese in das SAP NetWeaver Portal zu integrieren.

Im zunehmenden Maße müssen heterogene Softwarelandschaften homogenisiert werden, um schlichtweg Kosten zu sparen. Gewöhnlicher Weise sind Standard- SAP- Systeme stark durch individuelle Eigenentwicklungen, in Form von eigenen BAPIs oder Funktionsgruppen, soweit verändert, dass diese nur schwer mit anderen SAP- Systemen vereinheitlicht werden können. Marktbereinigungen, wie zum Beispiel Unternehmensübernahmen, machen es notwendig verschiedenen SAP- Systeme schnell miteinander zu kombinieren. Dazu bedarf es standardisierter Schnittstellen. Die Technologie der Web Services kann diese Aufgabe im Kontext der Enterprise Service Architecture übernehmen. Diesbezüglich muss die SAP AG weitere Anstrengungen unternehmen, um das Konzept der ESOA zu vervollständigen.

Bezüglich der einzelnen SAP User Interfaces kann festgehalten werden, dass ihr Einsatz in einem hohen Maß von den zu erwartenden Aufgaben abhängt. Das klassische SAP GUI ist vor allem für technisch orientierte Anwender unverzichtbar. Für die Administration und integrierte Entwicklung innerhalb der SAP- Systemlandschaft ist bisher kein anderes SAP User Interface so umfangreich in der Lage. Das SAP NetWeaver Portal liefert ebenfalls administrativen Funktionen. Diese konzentrieren sich vor allem auf das Portal selbst. Für Entwicklungsarbeiten bezüglich Benutzerschnittstellen werden in Zukunft das NWDS und der Visual Composer an Bedeutung gewinnen. Das NWDS wird das zentrale Entwicklungstool für die Erstellung von SAP WebDynpro Projekten auf Java Basis werden. Das klassische SAP GUI bietet dahingegen SAP WebDynpro Entwicklungen auf ABAP Basis an. Welches Konzept sich hier in Zukunft durchsetzen wird, ist bislang noch unklar. Altbewehrte Entwicklungseigenschaften von ABAP- Umgebungen, wie das zentrale Speichern von Komponenten und Objekten, kommt einer Bearbeitung von Projekten im Team entgegen. Im NWDS muss zunächst eine NetWeaver Development Infrastructur eingerichtet werden, die Aufgaben der Versionierung und Collaboration übernimmt. Dies bedeutet einen erhöhten Administrationsaufwand, will man verhindern, dass Programmierer unkontrolliert lokal entwickeln und Inkonsistenten im Projekt auftreten. In einer ABAP- Umgebung ist dieses Problem gänzlich unbekannt, da sowieso alles zentral entwickelt wird. Selbstverständlich führt dies zu anderen Herausforderungen, wie zum Beispiel das Verhindern paralleler Bearbeitungen von Sourcecode, durch das Setzen von Sperren.

Eine große Zukunft wird den Adobe Interactive Forms bescheinigt. Die Nutzung des de facto Formularstandards als weiteres SAP User Interface erreicht somit auch User, die bis dahin keinen Kontakt zu SAP Produkten hatten. Mit den AIFs können besonders intuitive Eingabemasken gestaltet werden, die hervorragend für die Ablage als Ausdruck geeignet sind.

Die Bemühungen Softwareprodukte von SAP und Microsoft einander näher zu bringen, in der Form von Duet, müssen nach dem heutigen Stand als unzureichend bewertet werden. Nach einer vielversprechenden Anfangsphase des Projektes warten die Anwender bis heute (Stand 03.2008) auf eine voll einsatzbereite Version. SAP hat es hier versäumt realistische Entwicklungszeiten bekannt zu geben. Die ständigen Verzögerungen haben einen massiven Vertrauensverlust bei den Anwendern bewirkt, der nur schwer wieder aufzuholen sein wird.

Der NetWeaver Business Client und das SAP NetWeaver Portal werden in Zukunft die wichtigsten SAP User Interfaces sein. Ihre Zukunft ist eng mit dem Streben nach installationsfreien Nutzerschnittstellen verbunden. Bei zu erwartenden steigenden Netzwerkgeschwindigkeiten und Verbesserungen der Serverperformance können Schwächen wie zum Beispiel die Reaktionsgeschwindigkeit der Anwendungen verbessert werden. Zu den größten Vorteilen zählen Aspekte, wie das schnelle Ausrollen von neuen Funktionalitäten ohne manuellen Installationsaufwand auf jedem Client, oder die Möglichkeit systemweite Designanpassungen jederzeit durchführen zu können.

Bis auf das technisch obsolete SAP Web GUI und Duet können alle anderen SAP User Interfaces nebeneinander am Markt bestehen. Ihre jeweiligen Stärken und Schwächen werden durch gezielte Kombination der SAP User Interfaces genutzt beziehungsweise umgangen. In Zukunft hängt das erfolgreiche Betreiben eines SAP NetWeaver Systems im besonderen Maße vom durchdachten Einsatz der SAP User Interfaces ab. Dafür müssen in jedem Unternehmen Strategien erarbeitet werden, die alle relevanten Zielgruppen und User mit einschließen.

Literaturverzeichnis

BEA State of Portal Market 2007
BEA White Paper State of the Portal Market 2007: Portals and the Power of Participation, BEA Systems, Inc., San Jose 2007

Bundesamt für Sicherheit in der Informationstechnik 2004
Bundesamt für Sicherheit in der Informationstechnik 2004, Risiken und Chancen des Einsatzes von RFID-Systemen, Bonn 2004

computerwoche SAP Usability 2006
Bortz und Döring, computerwoche.de, SAP R/3 unterliegt in Sachen Usability vom 07.07.2006, München

Computerwoche 2007
Florian Mösch, computerwoche.de, SOA, ESA, ESB, EAI - eine Frage der Definition vom 15.09.2006, http://www.computerwoche.de/soa-expertenrat/?p=85 München

Computerwoche Duet 2008
computerwoche.de, SAP verschiebt Duet-Fahrplan vom 18.12.2007, http://www.computerwoche.de/nachrichten/1850963/ München

Computerwoche Duet Lizenz 2008
computerwoche.de, Sapphire: SAP und Microsoft komponieren weiter an Duet vom 18.12.2007, http://www.computerwoche.de/knowledge_center/enterprise_resource_planning/591873/ München

Computerzeitung 2007
Harald Weiss, computerzeitung.de, Gespräch mit Accenture Technologie-Chef Donald Rippert vom 03.12.2007, www.computerzeitung.de Leinfelden-Echterdingen

E. Pulier, H. Tyler 2006
Eric Pulier, Hugh Taylor, Understanding Enterprise SOA, Manning Publications Co., Greenwich UK 2006

Erpgenie 2007
ERPGenie.COM, erpgenie.com Inc., Frequently asked Questions vom 13.12.2007 http://www.erpgenie.com/faq/sapguiforhtml.htm

Erpmanager 2005
Frank Naujoks, erpmanager.de, F&P GmbH - FEiG & PARTNER, Mendocino: SAP und Microsoft auf einem gemeinsamen Weg?, http://www.erpmanager.de/magazin/artikel_704_mendocino_sap_und_microsoft_auf_einem.html, Leipzig 2005

Gesellschaft für Informatik e.V. 2008
Dr. Martin Kempa, Zoltán Ádám Mann, Gesellschaft für Informatik e.V. 2008, Modell Driven Architecture, http://www.gi-ev.de/service/informatiklexikon/informatik-lexikon-detailansicht/meldung/117/, München 2008

J. Haase 2005
Jana Haase, Computer aus Nutzerperspektive – Von der Nutzeranalyse zum Interface-Design, Dissertation Technische Universität Chemnitz, 2005

S. Hack, M.A. Lindemann 2007
Stefan Hack, Markus A. Lindemann, Enterprise SOA einführen, Galileo Press GmbH, Bonn 2007

Help SAP NWBC 2008
Help SAP NetWeaver Business Client, help.sap.com, Walldorf 2008, http://help.sap.com/saphelp_nw70/helpdata/de/46/418600f54e2f90e10000000a1553f6/frameset.htm, letzter Aufruf 02.01.2008

java.sun.com Blueprint MVC 2002
Sun Microsystems, Inc., Java Blueprints Model-View-Controller, http://java.sun.com/blueprints/patterns/MVC-detailed.html

K. Kessler, P. Tillert 2005
Karl Kessler, Peter Tillert, Java-Programmierung mit dem SAP Web Application Server, Galileo Press GmbH, Bonn 2005

D. Krafzig, K. Banke, D. Slama 2005
Dirk Krafzig, Karl Banke, Dirk Slama, Enterprise SOA - Service Oriented Architecture Best Practice, Prentice Hall International, New Jersey 2004

Lynx Consulting Group 2006
Lynx-Consulting AG, Studie: Für jeden das passende SAP-Frontend, Bielefeldt 2006

MetaGroup Market Research 2005
Meta Group Deutschland GmbH, SAP NetWeaver: Strategische Herausforderung für die serviceorientierte Softwarearchitektur, Deutschland 2005

M. Sill 2005
Matthias Sill, Analyse der Entwicklungstendenzen der Architektur der User-Interfaces im SAP-Umfeld – Auswirkungen und Einsatzmöglichkeiten, FHTW Berlin, Berlin 2005

V. Nicolescu, B. Funk, P. Niemeyer, M. Heiler 2006
Valentin Nicolescu, Burkhardt Funk, Peter Niemeyer, Matthias Heiler, Entwicklerbuch SAP Exchange Infrastructure, Galileo Press GmbH, Bonn 2006

V. Nicolescu, K. Klappert, H. Krcmar 2007
Valentin Nicolescu, Katharina Klappert, Helmut Krcmar, SAP NetWeaver Portal, Galileo Press GmbH, Bonn 2007

J. Rauscher, V. Stiehl 2007
Jan Rauscher, Volker Stiehl, SAP NetWeaver Composition Environment, Galileo Press GmbH, Bonn 2007

SAP Hinweis 314568
SAP Hinweis 314568 - SAP Web GUI, Version 86, SAP AG, Walldorf 2007

SAP Hinweis 900000 - NWBC 2007
Carsten Boennen, SAP Hinweis 900000 - SAP NetWeaver Business Client, Version 11, SAP AG, Walldorf 2007

SAP AG 2006
Itai Sadan, Gilles Atlan, Rick Swan, SAP Discovery System for Enterprise SOA Workshop, SAP TechEd 2006

SAP AG NWBC 2007
SAP AG, SAP Developer Network, SAP NetWeaver Business Client, What is SAP NetWeaver Business Client?, https://www.sdn.sap.com/irj/sdn/nw-businessclient, Walldorf 2007

SAP AG Duet 2008
SAP AG, Duet Kunden, http://www.sap.com/germany/solutions/duet/customersuccess/index.epx, Walldorf 2008

SAP AG Portal 2008
SAP AG, Portal, Kunden, http://www.sap.com/germany/plattform/SAP NetWeaver/components/SAP NetWeaverportal/customersuccess/index.epx, Walldorf 2008

SAP White Paper NWBC 2007
SAP White Paper Using the SAP NetWeaver Enterprise Portal and SAP NetWeaver Business Client - Technical and Business Advantages, Walldorf 2007

Stumpe, Orb 2005
Jens Stumpe, Joachim Orb, SAP Exchange Infrastructure, Galileo Press GmbH, Bonn 2005

pcwelt RIA 2007
IDG Magazine Media GmbH, PC Welt Magazin, Rich Internet Applikationen vom 23.01.2007, http://www.pcwelt.de/it-profi/business-ticker/586816/, München

Uniorg 2007
UNIORG Solutions GmbH, SAP NetWeaver und Enterprise SOA mit UNIORG, http://www.uniorg.de/page/sap_beratung_SAP NetWeaver_soa, Dortmund 2007

J. Vlachakis, A. Kirchhof, T. Gurzki 2005
Joannis Vlachakis, Anja Kirchhof, Thorsten Gurzki, Marktübersicht Portalsoftware, Fraunhofer IRB Verlag, Stuttgart 2005

W3C 2001
World Wide Web Consortium (Massachusetts Institute of Technology, European Research Consortium for Informatics and Mathematics, Keio University), WSDL Definition, W3C Note 15 March 2001, http://www.w3.org/TR/wsdl.html

Markenerklärung

Die in diesem Werk wiedergegebenen Gebrauchsnamen, Handelsnamen, Warenbezeichnungen usw. können auch ohne besondere Kennzeichnung Marken sein und als solche den gesetzlichen Bestimmungen unterliegen. Gebrauchsnamen, Handelsnamen, Warenbezeichnungen usw. gehören den jeweiligen Firmen.

Alle Angaben in diesem Buch wurden von dem Autor mit größter Sorgfalt erarbeitet bzw. zusammengestellt und unter Einschaltung von Kontrollmaßnahmen niedergeschrieben. Trotzdem sind Fehler nicht ganz auszuschließen. Der Autor sieht sich deshalb gezwungen, darauf hinzuweisen, dass weder eine Garantie noch die juristische Verantwortung oder irgendeine Haftung für Folgen, die auf fehlerhafte Angaben zurückgehen, übernommen werden kann. Für die Mitteilung eventueller Fehler ist der Autor jederzeit dankbar.

Trotz sorgfältiger inhaltlicher Kontrolle wird keine Haftung für die Inhalte externer Links übernommen.